图学美育
——画法几何及工程制图（含附册）

U0313121

主编　路慧彪　刘德良
主审　邹玉堂

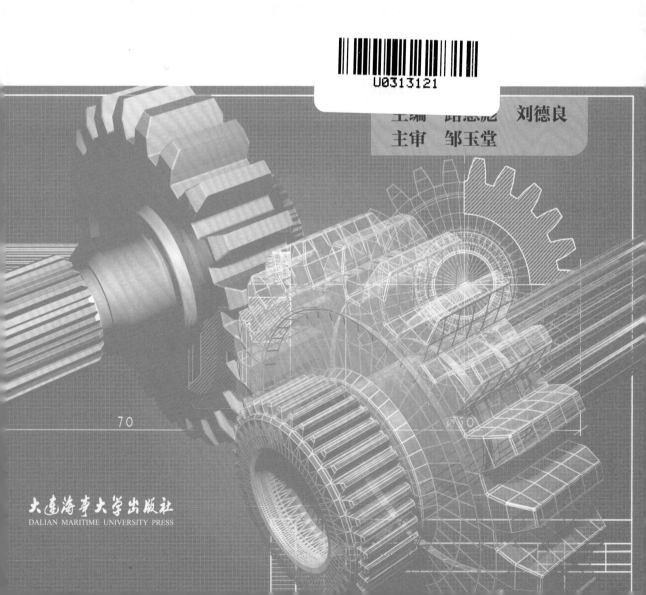

70

大连海事大学出版社
DALIAN MARITIME UNIVERSITY PRESS

ⓒ 路慧彪　刘德良　2022

图书在版编目(CIP)数据

图学美育：画法几何及工程制图：含附册／路慧彪，刘德良主编. — 大连：大连海事大学出版社，2022.5

ISBN 978-7-5632-4232-0

Ⅰ.①图… Ⅱ.①路… ②刘… Ⅲ.①画法几何—高等学校—教材②工程制图—高等学校—教材 Ⅳ.①TB23

中国版本图书馆 CIP 数据核字(2021)第 263812 号

大连海事大学出版社出版

地址:大连市黄浦路523号 邮编:116026 电话:0411-84729665(营销部) 84729480(总编室)
http://press.dlmu.edu.cn E-mail:dmupress@dlmu.edu.cn

大连天骄彩色印刷有限公司印装　　　　　大连海事大学出版社发行

2022 年 5 月第 1 版	2022 年 5 月第 1 次印刷
幅面尺寸:184 mm×260 mm	印张:20.5(含附册)
字数:443 千(含附册)	印数:1~1500 册

出版人:刘明凯

责任编辑:王　琴	责任校对:李继凯
封面设计:张爱妮	版式设计:张爱妮

ISBN 978-7-5632-4232-0　　　　　　　　定价:51.00 元(含附册)

前　言

随着社会的发展和科技的进步,科技与艺术、理学与美学这些看似格格不入的学科逐渐互相融合,人们对产品的要求已不再仅仅局限于功能与工艺,对产品外观与形式的审美提出了更高的要求。工程图样作为产品设计最终的表达方式和手段,除了实现产品的功能美、形式美和艺术美之外,图样本身也存在对比、对称、动感、和谐、规范、秩序等美感,让学生去发现并体会图学美,既可以培养其学习兴趣,又可以提高其学习效率。

图学与美学的融合,相对于其他许多理学、工学学科来说要更自然一些,这是因为图学与美学同属于形象思维范畴,它们在形式与内容上互相渗透,易于产生一些共同的、相似的特性。这也从另一个角度说明了图学美育的可行性。

本书参照高等学校工科画法几何及工程制图课程指导委员会修订的《高等工业学校画法几何及工程制图课程教学基本要求》,结合大连海事大学近年来对机械制图课程教学改革的研究与实践,在充分吸取各兄弟院校对机械制图课程教学改革成功经验的基础上编写而成。本书寓美学于图学教育之中,将美学思想融入工程图学教学的各个环节,用美学原理解释工程制图课程的学习内容,辅以按照美的规律而进行的教学活动,引导学生发现、感受图样中的美,并在此基础上去创造美和表达美,改变以往枯燥乏味的课堂教学,让学生在美的熏陶和享受中不断培养学习兴趣,激发学习动力,使教和学真正成为一个愉快的过程,对于提高教学质量、深化素质教育改革都有着积极而深远的意义。

本书由路慧彪、刘德良主编,邹玉堂主审,于哲夫参与编写,于彦、曹淑华、孙昂、原彬等为本书视频的制作做了大量的辅助性工作。本书在编写过程中参考了许多同类著作,在此向同类著作的作者表示衷心的感谢。

限于水平,书中存在的缺点和错误再所难免,敬请广大读者批评指正。

编　者

2021 年 11 月

本书所有二维码资源(可下载)

目　录

绪 论

1. 工程制图课程的性质

图是图形、图样、图像、图画的统称。语言、文字、图是人类表达、交流思想和传承文明的三种最重要的方式。图具有直观性、形象性、简洁性和确定性,在描述形状、结构、位置、大小等信息时远优于其他方式,因而广泛应用于科学研究、工程设计和信息表达等诸多方面,故工程界有"一图胜万言"的说法。

以投影原理为基础,按照特定的制图标准或规定绘制的,用以准确表示工程对象的形状、大小和结构,并加以必要的技术说明的图即为工程图样。工程图样作为构思、设计与制造中工程与产品信息的定义、表达和传递的主要媒介,是工程技术部门的一项重要技术文件,在机械、土木、建筑、水利、园林等领域的技术工作与管理工作中发挥着重要作用,是工程界表达、交流的"技术语言"。

讨论工程制图课程的性质,要注意以下三点:

(1)工程制图课程与工程实践密不可分

工程制图以工程图样为研究对象,研究范围是工程技术领域,主要解决工程对象的信息表达问题。工程制图相关课程是普通高等院校本科专业重要的技术基础课程,具有理论严谨、实践性强、与工程实践有密切联系的特点,对培养学生掌握科学思维方法,增强工程和创新意识有重要作用。

(2)工程制图课程与思维训练密不可分

工程图样多以二维正投影多视图的形式表达三维空间物体对象,物与图存在着对应及映射关系,工程技术人员不仅需要严谨的逻辑推理能力、分析能力,更要有敏锐的空间想象能力、综合能力。人类大脑分为左半球、右半球,并分别主导人类相关的活动与能力。一般来说,大脑左半球控制肢体右侧的活动,具有语言、分析、逻辑推理等功能;大脑右半球控制肢体左侧的活动,具有音乐、绘画、空间几何、想象、综合等功能。工程制图课程是一门同时使左脑、右脑都得到锻炼,综合思维能力得到提高的课程。

(3)工程制图课程与美学教育密不可分

人类至少有80%的外界信息通过视觉获得,因而相当多的美学和艺术形式通过视觉语言来表达。工程图样的阅读与绘制以视觉为生理基础,所以工程图学中自然包括了对美的审视、认知和表达。工程制图课程在培育学生传统工程设计和表达能力基础之上,有必要渗入工程美学的相关知识,以培养学生认识美、表达美和创造美的能力和完善素质教育。

2. 工程制图课程的任务

课程的性质决定了以下教学任务：

(1)培养学生通过投影的方法用二维平面图形表达三维空间形状的能力；

(2)培养学生对空间形体的形象思维能力；

(3)培养学生创造性构型设计能力；

(4)培养学生使用绘图软件绘制工程图样及进行三维造型设计的能力；

(5)培养学生仪器绘制、徒手绘画和阅读专业图样的能力；

(6)培养学生工程意识,贯彻、执行国家标准的意识；

(7)培养学生严肃、认真的工作态度和耐心、细致的工作作风；

(8)培养学生的美学素养并能够将工程美学一般原则运用到工程制图及工程设计中。

3. 工程制图课程的要求

现代化生产中,一切机器、仪器、设备都按照工程图样进行生产,一切工程项目都按照工程图样进行建设。工业生产和工程设计中对图样的要求非常严格,一条线或一个字的差错往往会造成巨大的损失,所以对表达工程对象信息的工程图样最基本的要求是正确、完整和清晰。

人类的语言讲究技巧,善于表达的人总能以简洁的语言,中肯、动听地说服他人,不善于表达的人往往长篇大论,让人不知所云。工程图样作为工程界表达、交流的"技术语言"同样如此,好的图样如艺术作品一样让人赏心悦目、一目了然,不好的图样让人难以阅读。因而,从美育的角度,对学生绘制工程图样除了正确、完整和清晰的要求之外,又增加了简洁、和谐两个要求。

第 1 章　基本知识与技能

　　工程图样必须按照特定的制图标准或规定绘制,《技术制图》和《机械制图》的国家标准是工程界重要的技术基础标准,也是绘制和阅读机械图样必须遵守的准则和依据。本章内容涉及多部国家标准,如 GB/T 14689—2008《技术制图　图纸幅面和格式》等。

　　每个国家标准都有编号和名称。刚提到的 GB/T 14689—2008《技术制图　图纸幅面和格式》是标准编号,其中标准代号"GB"表示"国家标准","T"表示该标准属性为"推荐性标准",无"/T"时为"强制性标准","14689"为该标准的顺序号,"2008"为该标准四位数字的批准年号;"技术制图　图纸幅面和格式"是名称,其中"技术制图"表示标准所属领域的"引导要素","图纸幅面和格式"表示标准主要对象的"主体要素"。

1.1　基本制图标准简介

1.1.1　图纸的幅面和格式（GB/T 14689—2008）>>>>

制图基础
标题栏

1.1.1.1　图纸的幅面及图框格式

　　绘制图样时,应优先采用表 1-1 中规定的基本幅面,必要时,也允许按照规定加长幅面(由基本幅面的短边整数倍增加后得出)。

表 1-1　图纸的基本幅面和尺寸　　　　　　　　单位:mm

幅面代号	A0	A1	A2	A3	A4
$B \times L$	841×1 189	594×841	420×594	297×420	210×297
e	20			10	
c	10			5	
a	25				

　　在图纸上必须用粗实线画出图框,其格式分为不留装订边和留装订边两种,如图 1-1 所示,尺寸按表 1-1 的规定。为了图样复制或缩微摄影时方便定位,应该用粗实线从图纸边界的各边中点开始至伸入图框内约 5 mm 画出对中符号。

1.1.1.2　标题栏

　　每张图纸上都必须画出标题栏。标题栏的位置应位于图纸的右下角。标题栏的格式和尺寸参考 GB 10609.1—1989《技术制图　标题栏》,如图 1-2 所示。

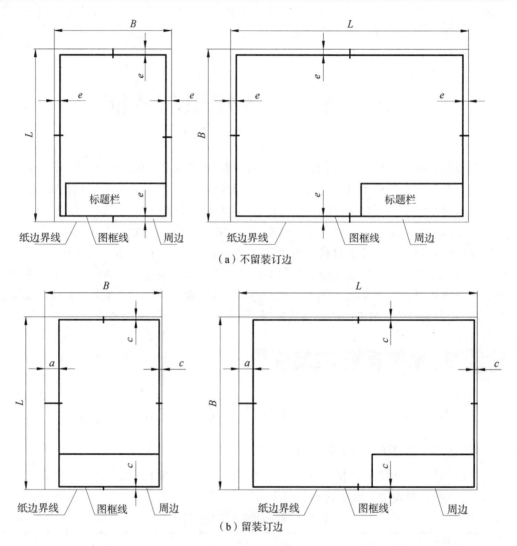

（a）不留装订边

（b）留装订边

图 1-1　图框格式

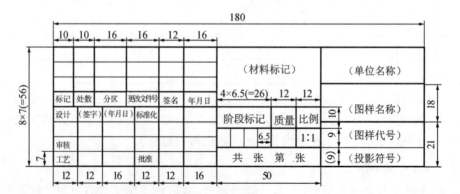

图 1-2　国家标准推荐标题栏格式和尺寸

投影符号一般放置在标题栏中名称及代号区的下方,为第一角画法或第三角画法的投影识别符号,如图 1-3 所示。

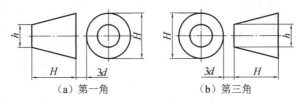

（a）第一角　　　　　　　　（b）第三角

图 1-3　投影识别符号及画法

$H=2h$,h 为图样中尺寸字体高度;d 为图样中粗实线宽度

一般情况下,看图的方向与看标题栏的方向一致。对于按规定使用预先印制的图纸并旋转后绘图时,为明确绘图与看图时图纸的方向,应在图纸的下边对中符号处画出一个方向符号,如图 1-4 所示。方向符号是用细实线绘制的等边三角形,其大小和所处的位置如图 1-5 所示。

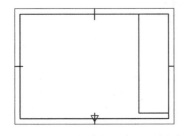
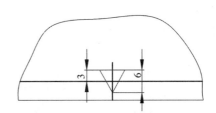

图 1-4　按方向符号指示方向看图　　　　**图 1-5　方向符号的大小和位置**

1.1.1.3　美育延伸:谈构图

图样必须画在图纸图框线内,标题栏外。要得到高质量绘图效果,必须在开始构图时精心设计,要考虑选什么尺寸的图纸、画多少视图、有哪些文字说明、视图和文字布置在什么位置等。构图是借鉴西方摄影或绘画的叫法,中国古代称作布局、章法或经营。布局有一些基本的规则,如均衡与对称、变化与对比、视点与层次、简洁与和谐等。初学者经常没有进行很好的构图便匆忙下笔,造成图面不均衡,或因选错图号而造成图面不和谐。图纸的布局如图 1-6 所示。

1.1.2　比例（GB/T 14690—1993）▶▶▶▶

制图基础
比例

1.1.2.1　图样的比例

比例是指图中图形与其实物相应要素的线性尺寸之比。

比例一般应标注在标题栏中的比例栏内。必要时可在视图名称的下方或右侧标注比例。

为了能从图样上反映机件的实际大小,应采用 1:1 的比例画图。当不宜采用原值比例时,可根据情况采用适当的缩小或放大比例。图样的比例如表 1-2 所示。

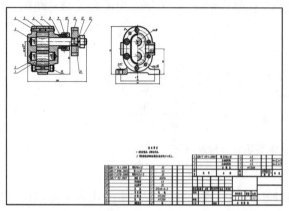

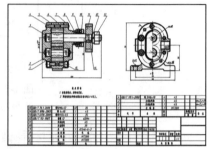

（a）因图幅不合适而导致布局不好　　　　　（b）布局比较合理

图 1-6　图纸的布局

表 1-2　图样的比例

种类	比例				
原值比例	$1:1$				
放大比例	$5:1$	$2:1$		$(4:1)$	$(2.5:1)$
	$5 \times 10^n:1$	$2 \times 10^n:1$	$1 \times 10^n:1$	$(4 \times 10^n:1)$	$(2.5 \times 10^n:1)$
缩小比例	$1:2$	$1:5$	$1:10$	$(1:1.5)$	$(1:1.5 \times 10^n)$
	$1:2 \times 10^n$	$1:5 \times 10^n$	$1:1 \times 10^n$	$(1:2.5)$	$(1:2.5 \times 10^n)$
				$(1:3)$	$(1:3 \times 10^n)$
				$(1:4)$	$(1:4 \times 10^n)$
				$(1:6)$	$(1:5 \times 10^n)$

在标注尺寸时，应标注实际大小，与所选的比例无关，如图 1-7 所示。

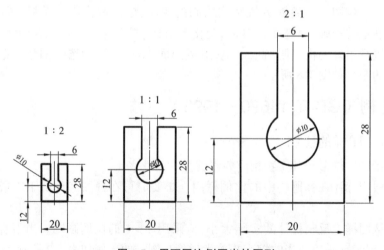

图 1-7　用不同比例画出的图形

1.1.2.2　美育延伸：优选比例

在绘图时，优先选取表 1-2 中所列未加括号的比例，只有在必要时，才选择加括号的比例。随意选择绘图比例，甚至是表 1-2 中未列的比例，是初学者易犯的错误之一，一定要避免。比如选择 1∶3.5 的比例，绘图时每个尺寸都要除以 3.5 后再量取绘制，这样绘图效率比选择 1∶1、1∶2 或 1∶5 要低很多。

1.1.3　字体（GB/T 14691—1993）

制图基础
仿宋字

国家标准规定了适用于技术图样及有关技术文件的汉字、字母和数字的结构及基本尺寸。

图样中书写的字体必须做到：字体工整、笔画清楚、间隔均匀、排列整齐。

字体高度代表字体的号数，其公称尺寸系列为：1.8 mm、2.5 mm、3.5 mm、5 mm、7 mm、10 mm、14 mm、20 mm。如需要书写更大的字，其字体高度应按 $\sqrt{2}$ 的比例递增。

1.1.3.1　汉字

图样中的汉字（说明的汉字、标题栏、明细栏等）应采用长仿宋体，并应采用中华人民共和国国务院正式公布推行的《汉字简化方案》中规定的简化字。汉字的高度 h 不应小于 3.5 mm，其字宽一般为 $h/\sqrt{2}$（$\approx 0.707h$）。CAD 制图中应使用长仿宋矢量字体。汉字示例如图 1-8 所示，其中 3.5 号字采用矢量字体。

字体工整笔画清楚间隔均匀排列整齐 （10号字）

横平竖直注意起落结构均匀填满方格 （7号字）

技术制图机械电子汽车航空船舶土木建筑矿山井坑港口纺织服装 （5号字）

螺纹齿轮端子接线飞行指导驾驶舱位挖填施工引水通风闸阀坝棉麻化纤 （3.5号字）

图 1-8　长仿宋体汉字示例

1.1.3.2　字母和数字

字母和数字分 A 型和 B 型，在同一图样上只允许选用一种形式的字体。两种字体的笔画宽度分别为字高的 1/14 和 1/10。因为一般图样上的数字和字母的字高为 3.5 mm，所以图样上字母与数字的笔画宽度正好与细实线的宽度相近。

阿拉伯数字和拉丁字母分直体和斜体两种，斜体字的字头向右倾斜与水平线约成 75°角。

字母和数字的示例如图 1-9 所示。

1234567890　　*1234567890*

ABCDEFGHIJKLMNOPQRSTU

VWXYZ　abcdefghijklmnop

qrstuvwxyz　　$\varnothing 31^{+0.021}_{-0.018}$

图 1-9　字母和数字示例

1.1.3.3　美育延伸:清晰可辨、整齐规范

对工程图样的基本要求是正确、完整和清晰,文字标注及说明是工程图样的一项重要内容。之所以规定标准字体,是为了保证图样所反映的信息清楚、正确,另外,规定的字体还要便于制作计算机或印刷字体模板。以汉字为例,常见的书写形式有篆书、隶书、草书、楷书、行书五种,如图 1-10 所示。

五种书写形式都可以创作出精美的艺术作品,但工程图样中的汉字只能以楷书书写,这是因为作为工程图样中的文字首先要易辨识,其次要易书写,另外,图样上的汉字作为群体出现还要排列有序,体现出秩序美,使图面整洁干净。从图 1-10 可以看出,楷书是工程图样中汉字字体的最佳选择。

（a）篆书　　　　　　　（b）隶书　　　　　　　（c）草书

（d）楷书　　　　　　　　　　　　（e）行书

图 1-10　汉字的五种书写形式

中国古代为适应雕版印刷的需要,要求有一种比楷书更为整齐规范的字体,于是创制了宋体字。20 世纪初,根据宋代刻本字体,仿刻了一种印刷活字字体,即仿宋。仿宋体是由楷体长期发展演变而来的,具有横竖粗细相等、笔画秀丽、大小均匀、清秀美观、结构规范、书写方便等特点,尤其适合使用现代硬笔书写工具书写。

写好仿宋体,要求初学者做到:字体工整、笔画清楚、间隔均匀、排列整齐,每个字的书写都要横平竖直、注意起落、结构均匀、填满方格。

1.1.4　图线（GB/T 4457.4—2002、GB/T 17450—1998）▶▶▶▶

制图基础
图线

1.1.4.1　线型

国家标准 GB/T 17450—1998 规定了 15 种基本线型。可根据需要将基本线型画成不同的粗细,并令其变形、组合而派生出更多的图线形式。GB/T 4457.4—2002 中在此基础上规定了机械设计制图所需要的 9 种线型,如表 1-3 所示。

表 1-3　机械设计制图的线型

序号	名称	线型	线宽	应用
1	细实线		$d/2$	过渡线、尺寸线、尺寸界线、指引线和基准线、剖面线、重合断面的轮廓线、螺纹牙底线、重复要素表示线、辅助线等
2	波浪线		$d/2$	断裂处的边界线、视图与剖视图的分界线
3	双折线		$d/2$	断裂处的边界线、视图与剖视图的分界线
4	粗实线		d	可见棱边线、可见轮廓线、相贯线、螺纹牙顶线、螺纹长度终止线、齿顶圆、剖切符号用线等
5	细虚线		$d/2$	不可见棱边线、不可见轮廓线
6	细点画线		$d/2$	轴线、对称中心线、分度圆、孔系分布的中心线、剖切线
7	粗点画线		d	限定范围表示线
8	粗虚线		d	允许表面处理的表示线
9	细双点画线		$d/2$	相邻辅助零件的轮廓线、可动零件的极限位置的轮廓线、成形前轮廓线、轨迹线、中断线等

1.1.4.2 线宽

机械图样中的图线分粗线和细线两种。粗线宽度用 d 表示,则细线的宽度为 $d/2$。图线宽度的推荐系列为:0.13 mm,0.18 mm,0.25 mm,0.35 mm,0.5 mm,0.7 mm,1 mm,1.4 mm,2 mm。实际应用时粗线宽度优先采用 0.7 mm 或 0.5 mm,因而细线宽度相应采用 0.35 mm 或 0.25 mm。

1.1.4.3 线素

机械图样中的图线由点、短间隔、画、长画等线素构成。绘图时线素的长度应符合表1-4 的规定。

表 1-4　绘图时线素的长度

线素	线型	长度	图例
点	点画线、双点画线	$\leqslant 0.5d$	
短间隔	虚线、点画线、双点画线	$3d$	
画	虚线	$12d$	
长画	点画线、双点画线	$24d$	
双折线			

注:表中给出的长度对于半圆形和直角端图线的线素都是有效的。半圆形线素的长度与技术笔从该线素的起点到终点的距离相一致,每一线素的总长度是表中长度与 d 的和

1.1.4.4 图线绘制要求

(1)同一图样中,同类图线的宽度应基本一致。

(2)虚线、点画线及双点画线的各线素间应基本相等。

（3）除非另有规定,两条平行线之间的最小间隙不得小于 0.7 mm。

（4）图线在接触与连接或转弯时应尽可能在画上相连。

（5）虚线、点画线与任何图线相交,都应尽量在画（或长画）处相交,而不应在间隔或点处相交。

（6）点画线首、末两端应是画而不是点,并且应超出图形 3~5 mm。

（7）当细点画线或细双点画线较短时,允许用细实线代替。

图线的画法如图 1-11 所示。

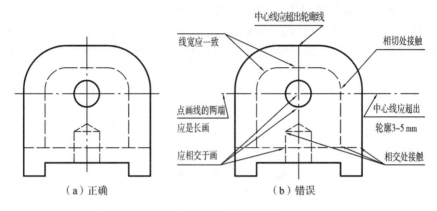

（a）正确　　　　　　　　（b）错误

图 1-11　图线的画法

1.1.4.5　美育延伸:多样性与一致性

工程图样的绘制主要就是以各种线条绘出需要的图形,图线的应用对于图样最终的表达效果非常重要。在图线的运用方面最应该注意的是多样性和一致性。

从美学的观点,整齐、有序、连续、一致等图样特征会给人以美的感受,但如果缺乏变化,在表达形式上又会显得单调、呆板和僵化。试想,如果只用一种同样宽度的线型来绘制整张图样,不仅达不到美的效果,也做不到清晰地表达。工程图样中的图线是多样且富有变化的,各种线型清晰、有序、和谐地绘制出表达完整、正确的工程图样。

绘制机械图样时,一定要熟练掌握表 1-3 中所列 9 种线型,各种线型应用在什么地方,不能有错;每一种线型都要做到一致、均匀、整齐、有序,图样中相同的线型,其线宽和线素应该一致,一定要熟练掌握各种线型的正确画法。初学者在这方面经常犯一些错误,主要表现在以下方面:

（1）漏线、少线,造成图形不完整;

（2）忽略线宽的区别,粗线、细线不分;

（3）图线应用错误,粗实线、细实线、虚线和细点画线使用混乱;

（4）虚线画法随意,不能做到线素（间隔、短画）一致均匀,点画线也存在这样的问题;

（5）图线不均匀连续,同一段线时粗时细、时断时续;

（6）图线画不到位,有时短,有时长,如图 1-11 中相交处该接触而未接触、中心线超出轮廓线太长等。

1.1.5 尺寸注法（GB/T 4458.4—2003）▶▶▶

图形只能表达机件的形状，要确定它的大小，必须在图形上标注尺寸。

1.1.5.1 基本规则

（1）机件真实大小以图样上所注的尺寸数值为依据，与图形的大小及绘图的准确度无关。

（2）图样中（包括技术要求和其他说明）的尺寸，以毫米（mm）为单位时，不需标注计量单位符号（或名称），如果采用其他单位，则应标注相应的单位符号。

（3）图样中所注的尺寸，为该图样所示机件的最后完工尺寸，否则应另加说明。

（4）机件的每一尺寸，一般只标注一次，并应标注在反映该结构最清晰的图形（视图）上。

（5）在保证不致引起误解和不会产生理解多义性的前提下，力求简化标注；应尽可能使用符号和缩写词。常用的符号和缩写词如表1-5所示。

（6）若图样中的尺寸全部相同或某个尺寸和公差占多数，可在图样空白处做总的说明，如"全部倒角C1""其余圆角R4"等。

（7）同一要素的尺寸应尽可能集中标注，如多个相同孔的直径。

（8）尽可能避免在不可见的轮廓线（虚线）上标注。

表1-5 常用的符号和缩写词

名称	符号或缩写词	名称	符号或缩写词
直径	Ø	深度	⟱
半径	R	沉孔或锪平	⊔
球直径	SØ	埋头孔	⋁
球半径	SR	弧长	⌒
厚度	t	斜度	∠
均布	EQS	锥度	◁
45°倒角	C	展开长	⟃
正方形	□		

1.1.5.2 标注方法

机械图样中的尺寸由尺寸界线、尺寸线、尺寸数字组成。表1-6中列出了在机械图样中标注尺寸的方法。

表 1-6　尺寸注法

项目	说明	图例
尺寸界线	尺寸界线用细实线绘制，并应由图形的轮廓线、轴线或对称中心线处引出，也可用轮廓线、轴线或对称中心线作为尺寸界线	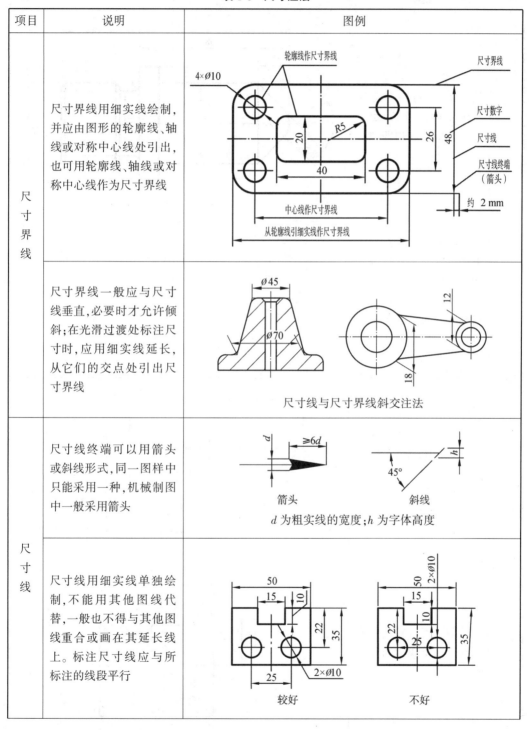
	尺寸界线一般应与尺寸线垂直，必要时才允许倾斜；在光滑过渡处标注尺寸时，应用细实线延长，从它们的交点处引出尺寸界线	尺寸线与尺寸界线斜交注法
尺寸线	尺寸线终端可以用箭头或斜线形式，同一图样中只能采用一种，机械制图中一般采用箭头	d 为粗实线的宽度；h 为字体高度
	尺寸线用细实线单独绘制，不能用其他图线代替，一般也不得与其他图线重合或画在其延长线上。标注尺寸线应与所标注的线段平行	较好　　　　不好

续表

项目	说明	图例
尺寸数字	线性尺寸数字一般应注写在尺寸线的上方，也允许写在尺寸线的中断处	
	线性尺寸数字的方向，一般采用注写方法 1；按照图（a）所示的方向注写，并尽可能避免在 30°范围内标注尺寸；无法避免时，可按图（b）的形式标注	
	注写方法 2：非水平方向尺寸，其数字可水平注写在尺寸线中断处。（注写方法 2 在不引起误解时允许采用，但同一张图样中，应尽可能采用同一种方法）	
	尺寸数字不可被任何图线通过，否则必须将图线断开	

续表

项目	说明	图例
直径和半径	圆和大于半圆的圆弧应标注直径尺寸,等于或小于半圆的圆弧应标注半径尺寸,并分别在尺寸数字前加"$\varnothing$"或"R";标注球面直径或半径时,应在直径或半径符号前加注"S"	
	半径尺寸必须标注在投影是圆弧的图形上,且尺寸线应从圆心引出	正确　　　　错误
	当圆弧的半径过大或在图纸范围内无法标出其圆心位置时,可按图(a)形式标注;若不需要标注圆心位置,可按图(b)形式标注	(a)　　　　(b)
小尺寸标注	没有位置画箭头或写数字时,箭头可外移或用小圆点代替,尺寸数字也可调整到尺寸界线外或引出标注	

续表

项目	说明	图例
角度标注	角度数字一律水平注写；角度尺寸界线应沿径向引出，也可用夹角两边轮廓线作为尺寸界线；尺寸线应画为圆弧，其圆心是该角顶点	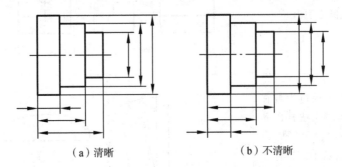

平面图形尺寸分析

1.1.5.3 美育延伸：清晰简明、合理标注

图形主要表达形状信息，而工程对象的大小、位置等信息更多要靠尺寸来表达。图样中的尺寸首先要准确，其次要完整。在表达上，还要做到清晰、简明。

（1）标注效果的要求

从图样的标注效果来讲，尺寸标注美关键体现在清晰、简明，在实践中也提出了标注时的一些具体要求。例如，几条尺寸线互相平行时，要保持适当间隔，并且大尺寸应该注在小尺寸的外面，以避免尺寸线相交，如图 1-12 所示。

（a）清晰　　（b）不清晰

图 1-12　尺寸线间平行的处理

再如，标注尺寸时力求简明，应尽可能使用规定的符号和缩写词。表 1-7 所示列出了常用的符号和缩写词标注示例。

表 1-7　常用的符号和缩写词标注示例

名称	示例	含义	名称	示例	含义
厚度	*t*1.5	板厚为 1.5 mm	深度	Ø6.4 ⊔Ø12▽4.5	沉孔直径为 12 mm，深度为 4.5 mm
			沉孔或锪平		

续表

名称	示例	含义	名称	示例	含义
45°倒角	C2	45°倒角轴向，尺寸为 2 mm	埋头孔	6×Ø7 ⌵Ø13×90°	埋头孔：锥面直径为 13 mm，锥角为 90°
正方形	□20	端面为边长等于 20 mm 的正方形	均布	15° 8×Ø4 EQS Ø42	8 个直径为 4 mm 的圆孔沿直径为 42 mm 的圆周均布
锥度	1:5	圆锥面锥度为 1:5			

（2）图形合理标注的技巧

初学者在标注尺寸时经常遗漏或重复标注某些尺寸，难以做到合理、完美。可以记住如下口诀：标尺寸，有窍门，画一遍，自然明。

口诀解释如下：标注平面图形的尺寸，可以按照绘图的次序，注出绘制各线段需要的定形和定位尺寸，最终达到正确、完整、清晰。

例 1-1　标注平面图形尺寸，如图 1-13 所示。

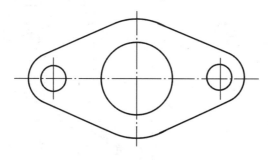

图 1-13　要标注的图形

解　按照绘图次序，依次确定各段线绘制所需要的尺寸，完成标注。步骤如表 1-8 所示。

表 1-8　平面图形标准步骤

步骤	说明	图例
1	先绘制尺寸基准，不需要标注。 基准是标注尺寸的起点，可以是确定尺寸位置所依据的一些面、线或点	
2	绘制中心大圆，标注定形尺寸。 该圆圆心在基准交点处，不需要标注定位尺寸。 定形尺寸是确定图形中几何元素形状和大小的尺寸，如线段的长度、角度的大小、圆的直径和圆弧的半径等	
3	绘制两个小圆，需要标注定形尺寸（圆的直径）和定位尺寸（圆心距离）。 定位尺寸是确定图形中几何元素的位置的尺寸	
4	绘制轮廓大圆，标注定形尺寸。 该圆与中心大圆同圆心，故不需要标注定位尺寸	
5	绘制左、右两段弧线，标注定形尺寸。 两弧与两小圆分别同圆心，故不需要标注定位尺寸	

续表

步骤	说明	图例
6	绘制四条切线,完成图形。切线的长度和位置是由要连接的弧的大小和位置确定的,故不需要标注定形尺寸和定位尺寸	

以上所述的方法,可以拓展应用到零件图的标注,即可以按照零件加工工序,依次标注零件图所需的尺寸。

1.1.5.4　正确标注的注意事项

正确标注平面图形的尺寸,应注意以下几点:

(1)水平与垂直两个方向都对称的图形,或某一个方向对称的图形,应选择对称中心线为基准,并与基准成对称地标注相应的定位尺寸。如例 1-1 中两小圆的定位尺寸。

(2)当图形的最大轮廓为直线时,应标注图形的总长和总宽尺寸;当最大轮廓为圆弧时,不标注总长和总宽尺寸。

(3)凡图形中某一尺寸是由另外两个确定的尺寸所确定的,这种尺寸不标注。

(4)同一圆周上对称分布的圆弧,应标注直径尺寸,如例 1-1 中轮廓大圆。

(5)图形中相同的圆可以合注,如例 1-1 中 $2 \times Ø_2$,且仅在一处标注即可。

(6)凡图形中起连接作用的直线,不标注尺寸。

(7)凡图形中起连接作用的圆弧,不标注定位尺寸。

1.2　尺规绘图

尺规绘图是借助丁字尺、三角板、圆规、分规等绘图工具和仪器进行手工操作的一种绘图方法,正确使用各种尺规工具和仪器既能保证绘图质量,又能提高绘图速度。

1.2.1　尺规绘图的工具与仪器 ▶▶▶▶

传统绘图工具

1.2.1.1　图板、丁字尺和三角板

图板、丁字尺和三角板在图纸上的固定位置如图 1-14 所示。绘图时图板横放,图纸靠近图板左边用胶带纸固定,图纸下边与图板下边的间距应大于丁字尺尺身宽度。用左手将丁字尺尺头紧靠图板左侧导边,上下移动使用,尺身的上边为工作边,用于画水平线。绘图时,画线方向从左至右,铅笔稍向画线方向倾斜,如图 1-15 所示。三角板与丁字尺配合使用,能画垂直线和与水平成一定角度的斜线。画垂直线时,画线方向从下至上,如图 1-16 和图 1-17 所示。

1.2.1.2 绘图仪器

绘图仪器中最常用的是圆规和分规。

圆规使用时要使钢针上带有凸出小针尖的一端朝下，以免钢针扎入图板太深，同时要使针尖略长于铅笔尖，如图1-18所示。画圆或圆弧时，圆规针尖要准确地扎在圆心上，沿顺时针方向转动圆规柄部，圆规稍微向前进方向倾斜，一次画成。当画半径较大的圆或圆弧时，要调整圆规，使针尖和铅笔尖同时垂直纸面，如图1-19所示。

分规用于量取尺寸数值和等分线段。两腿并拢时，针尖要平齐。量取尺寸数值时，分规的拿法像使用筷子一样，便于调整大小，如图1-20所示。

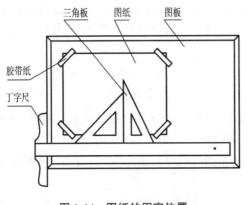

图1-14　图纸的固定位置

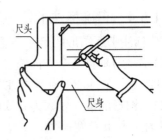

图1-15　丁字尺的使用

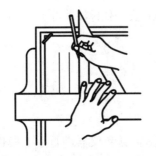

图1-16　丁字尺与三角板配合使用

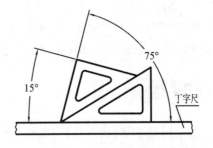

图1-17　两块三角板配合使用

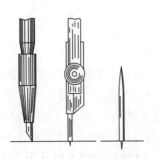

图1-18　圆规针尖的安装

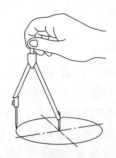

图1-19　圆规的使用方法

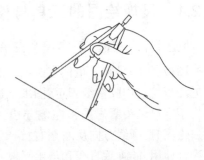

图1-20　分规的使用方法

1.2.1.3　绘图铅笔

绘图铅笔上有标号 B 或 H，表示铅芯的软或硬。B 愈多铅芯愈软，画出的图线也愈黑。H 愈多铅芯愈硬，画出的图线也愈淡。一般画底稿时用 2H 铅笔，画粗实线和粗点画线时用 B 或 HB 铅笔，画其余图线时用 2H 铅笔，写字时用 HB 或 H 铅笔。

削铅笔时应保留有铅笔标号的一端。画粗实线的铅笔，其铅芯应削磨成四棱柱形，使所画的图线粗细均匀，边缘光滑，如图 1-21(a) 所示。画其余线条时可削磨成圆锥形，如图 1-21(b) 所示。画线时要注意用力均匀，匀速前进，并应注意经常修磨铅笔尖，避免愈画愈粗。

1.2.1.4　比例尺和曲线板

比例尺上刻有不同比例刻度的直尺，量取不同比例的尺寸，不需要计算，方便绘图。常见的比例尺为三棱柱式，三个侧面有六种不同比例的刻度，如图 1-22 所示。

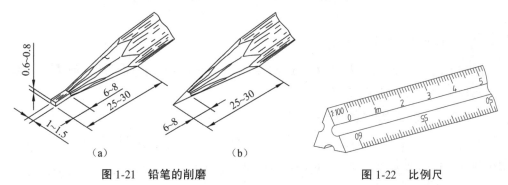

图 1-21　铅笔的削磨　　　　　　　　　　　图 1-22　比例尺

曲线板是用来画非圆曲线的，形状多种多样。使用时，应先把要连接的各点，徒手用细实线尽可能光滑地连接起来。然后，根据曲线部分的曲率大小及变化趋势，从曲线板上选择与其贴合的一段，依次进行描画。每次连接至少要通过 4 个点，并且前面应有一小段与上一次描画的曲线末端一小段重合，而后面一小段应留待下一次连接时光滑过渡之用。

1.2.1.5　其他绘图工具

除以上绘图工具、仪器外，设计和生产部门中还广泛使用各种类型的绘图机，它兼有丁字尺和三角板的功能，可提高绘图速度。

绘图时，还应备有铅笔刀、橡皮、量角器、擦图片、透明胶带、清洁用的毛刷和修整铅芯用的细砂纸板等工具。

1.2.1.6　美育延伸：谈规矩

人类一直在发明、改进和完善工程作业工具，工具也推动了人类的科技进步和文明发展。"规矩"在字面上指的是画圆和画直线的工具，是工程设计及作业工具的代表。从《伏羲女娲图》可以看到，女娲执规，伏羲持矩，象征一种秩序或能力，反映人们对工具的崇拜和敬畏，如图 1-23 所示。在绘图时，要提高绘图的质量和效率，必须学好和使用合适的工具。

不以规矩,不能成方圆。现在"规矩"的引申含义是遵守秩序,执行规定。工程图一定要按照特定的制图标准或规定绘制。因而学习制图要认真严谨,不可马虎随意。

（a）唐绢画　　　　　　　　　（b）汉砖

图 1-23　尺寸线间平行的处理

1.2.2　几何作图 ▶▶▶▶

图样上的每一个图形,都是由直线、圆、圆弧及其他曲线连接而成的几何图形。本节介绍几种常用的几何图形的画法。

1.2.2.1　正六边形的画法

等边三角形、正六边形和正十二边形画法类似,均可用丁字尺配合 30°/60° 三角板,或用圆规取得圆周上的等分点。正六边形的画法如下:

（1）用圆规画圆内接正六边形,如图 1-24 所示。

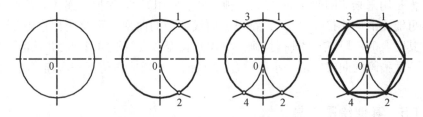

图 1-24　用圆规画圆内接正六边形

（2）丁字尺配合三角板画圆内接正六边形,如图 1-25 所示。

1.2.2.2　正方形的画法

正方形和正八边形画法类似,均可用丁字尺配合 45° 三角板,取得圆周上的等分点,如图 1-26 所示。

1.2.2.3　斜度和锥度的画法

（1）斜度的画法

斜度是指一直线（或平面）对另一直线（或平面）的倾斜程度。其大小用该两直线或平面夹角的正切表示。在制图中一般用 $1:n$ 表示斜度的大小。

如过 C 点作一条对 AB 直线 $1:5$ 斜度的倾斜线,其作图方法如图 1-27 所示:从 A 点以定长量取 5 段,从末端作垂线量取 1 段长,得到 D 点;连接 AD,再过 C 点作 AD 的平行线,即为所求的倾斜线。

斜度一律用符号标注,符号所示的倾斜方向与斜度的方向一致,如图 1-28(a)、(b)所示。斜度符号的画法如图 1-28(c)所示,符号的线宽为 $h/10$(h 等于字体高度)。

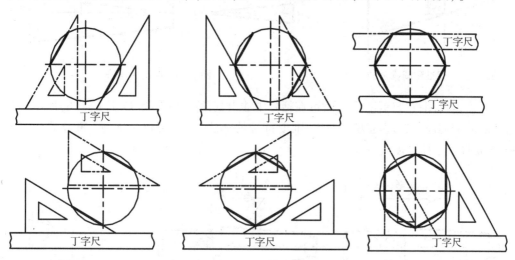

图 1-25　丁字尺配合三角板画圆内接正六边形

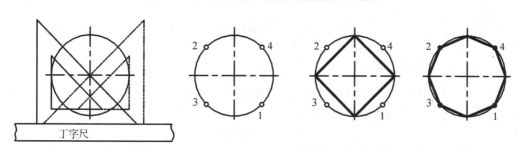

图 1-26　圆内接正方形、正八边形的画法

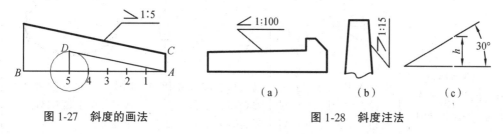

图 1-27　斜度的画法　　　　　图 1-28　斜度注法

（2）锥度的画法

锥度是指正圆锥底圆直径与其高度之比。圆锥台的锥度为其两底圆直径之差($D-d$)与其高度(l)之比,即圆锥台锥度 $D/L=(D-d)/l=2\tan(\alpha/2)$,如图 1-29 所示。制图中

一般用 $1:n$ 表示锥度的大小。图 1-30 为锥度的画法。

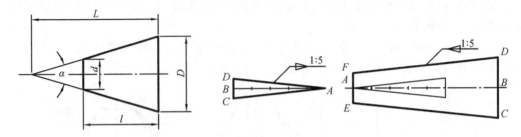

图 1-29　圆锥和圆锥台的锥度　　　　　　　图 1-30　锥度的画法

锥度也可用符号标注，必要时可在括号中注出其角度值，如图 1-31（a）、（b）所示。符号所示的方向应与锥度的方向一致，锥度符号的画法如图 1-31（c）所示，符号的线宽为 $h/10$（h 等于字体高度）。

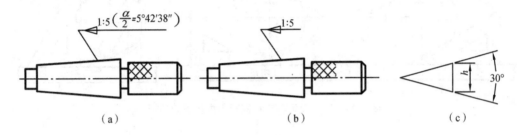

（a）　　　　　　　　　　　（b）　　　　　　　　　（c）

图 1-31　锥度的注法

1.2.2.4　椭圆的画法

椭圆有多种画法，常用的精确的画法为同心圆法，近似的画法为四心圆法。表 1-9 分别列出了上述两种椭圆画法的作图步骤。

表 1-9　椭圆的画法

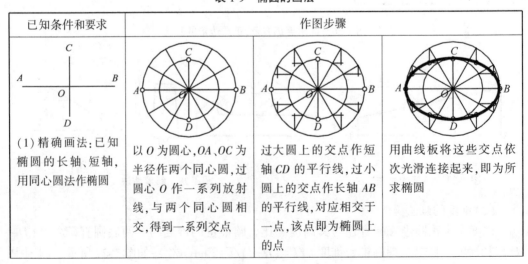

已知条件和要求	作图步骤		
（1）精确画法：已知椭圆的长轴、短轴，用同心圆法作椭圆	以 O 为圆心，OA、OC 为半径作两个同心圆，过圆心 O 作一系列放射线，与两个同心圆相交，得到一系列交点	过大圆上的交点作短轴 CD 的平行线，过小圆上的交点作长轴 AB 的平行线，对应相交于一点，该点即为椭圆上的点	用曲线板将这些交点依次光滑连接起来，即为所求椭圆

续表

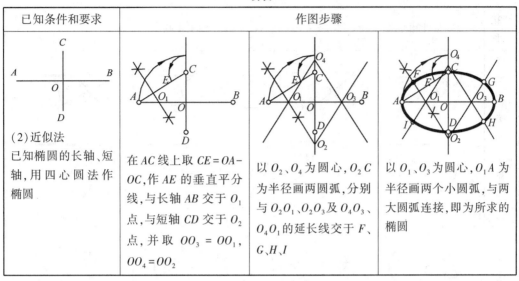

已知条件和要求	作图步骤		
（2）近似法 已知椭圆的长轴、短轴，用四心圆法作椭圆	在 AC 线上取 $CE = OA - OC$，作 AE 的垂直平分线，与长轴 AB 交于 O_1 点，与短轴 CD 交于 O_2 点，并取 $OO_3 = OO_1$，$OO_4 = OO_2$	以 O_2、O_4 为圆心，O_2C 为半径画两圆弧，分别与 O_2O_1、O_2O_3 及 O_4O_3、O_4O_1 的延长线交于 F、G、H、I	以 O_1、O_3 为圆心，O_1A 为半径画两个小圆弧，与两大圆弧连接，即为所求的椭圆

1.2.2.5　两线段光滑连接的画法

绘制图样时，经常用到两线段光滑连接的画法。光滑连接是指用已知半径的圆弧光滑地连接两已知线段或圆弧，使它们在连接处相切。表 1-10 列出了各种线段光滑连接的画法的作图步骤。

表 1-10　线段光滑连接的画法

连接名称	已知条件和要求	作图步骤		
圆弧连接两直线				
圆弧连接两圆弧				

续表

连接名称	已知条件和要求	作图步骤
圆弧连接直线和圆弧		
直线连接两圆弧		

1.2.2.6 美学延伸：与黄金分割有关的正多边形——正五边形

黄金分割是指将整体一分为二，较大部分与整体部分的比值等于较小部分与较大部分的比值，其比值为 $(\sqrt{5}-1)/2$（≈ 0.618）。这个比例被公认为是最能引起美感的比例，因此被称为黄金分割。

正五边形及其衍生出的五角星，一直以来使人着迷并被赋予许多神秘的含义。随着几何学的发展，人们逐渐认识到，正五边形和五角星与黄金分割有关，并找到其精确的画法。这个画法的关键是得到无理数 $\sqrt{5}$。

圆内接正五边形的作图方法（设圆的半径为1）如图 1-32 所示，步骤如下：

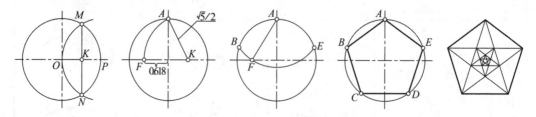

图 1-32　圆内接正五边形的画法

（1）以 P 点为圆心，PO 为半径作圆弧，交圆周于 M、N 两点。连接 MN，交 PO 于 K 点。

（2）以 K 点为圆心，KA 为半径作圆弧，与水平中心线交 F 点。

（3）以 A 点为圆心，AF（正五边形边长）为半径作圆弧，交圆周于 B、E 两点。

（4）分别以 B 点和 E 点为圆心，AB（AE）为半径作圆弧，分别交圆周于 C 和 D。

（5）依次连接 A、B、C、D、E，即完成正五边形作图。

画图口诀：平分半径得根五，黄金分割定边长。

1.2.3　平面图形的画图步骤 ▶▶▶▶

平面图形的绘图步骤

图样上的每一个图形，都是由直线、圆、圆弧或其他曲线等连接而成的。

绘制平面图形，首先要确定出合理的画图步骤，这样就需要对平面图形的尺寸进行分析，从而判断各线段在图形中的地位。

平面图形中的各种线段，根据其所注的尺寸、数量及连接关系可分为三类：

（1）已知线段：定形尺寸与定位尺寸都完全给出，可直接画出的圆、圆弧和线段，如图 1-33 中的圆弧 SR5。

（2）中间线段：定形尺寸给出，而定位尺寸中有一个需要由该线段与其他线段的连接关系求得的圆弧或线段，如图 1-33 中的圆弧 R52。

（3）连接线段：只有定形尺寸，而无定位尺寸，必须由该线段与另两条线段的连接关系来决定的圆弧或线段，如图 1-33 中的圆弧 R30。

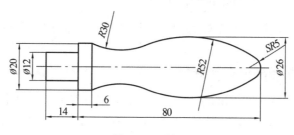

图 1-33　手柄

显然，画平面图形时，应首先画出各已知线段或圆弧，再画出各中间线段或中间圆弧，最后画出各连接线段。

表 1-11 以手柄为例，说明其作图步骤。

表 1-11　手柄的作图步骤

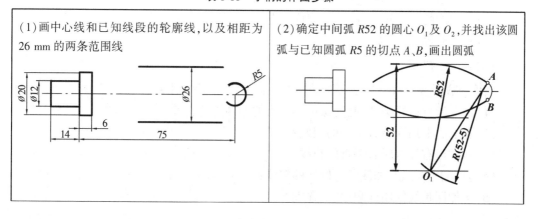

（1）画中心线和已知线段的轮廓线，以及相距为 26 mm 的两条范围线

（2）确定中间弧 R52 的圆心 O_1 及 O_2，并找出该圆弧与已知圆弧 R5 的切点 A、B，画出圆弧

续表

（3）确定连接圆弧 $R30$ 的圆心 O_3 及 O_4，并找出该圆弧与中间圆弧 $R52$ 的切点 C、D，画出连接圆弧 $R30$	（4）擦去多余的作图线，按线型要求加深图线，完成全图
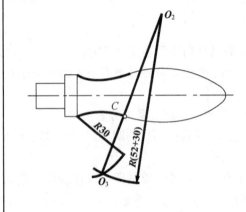	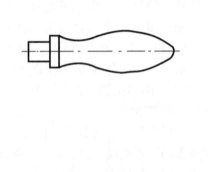

1.2.4　美育延伸：图面整洁 »»»

利用工具手工绘制图形或图样时，保持图面整洁、干净，能给人以美的感受。尺规绘图讲究正确的步骤、顺序和方法。

1.2.4.1　绘图前的准备工作

（1）准备工具：准备好所用的绘图工具和仪器，削好铅笔及圆规上的笔芯。

（2）固定图纸：将选好的图纸用胶带纸固定在图板偏左上方的位置，使图纸上边与丁字尺的工作边平齐，固定好的图纸要平整。

1.2.4.2　打底稿

用 H 或 2H 铅笔轻画底稿，顺序为：

（1）画图框和标题栏；

（2）进行布图，画图形的主要中心线和轴线；

（3）画图形的主要轮廓线，逐步完成全图；

（4）画尺寸界线、尺寸线。

1.2.4.3　描深

底稿完成后，经校核，擦去多余的图线后再加深，步骤如下：

（1）加深所有粗线圆和圆弧，按由小到大的顺序进行；

（2）自上而下加深所有水平的粗线；

（3）自左至右加深所有垂直的粗线；

（4）自左上方开始，加深所有倾斜的粗线；

（5）按加深粗线的图样顺序，加深细线；

（6）画尺寸线终端的箭头或斜线,注写尺寸数字,写注解文字,加深图框线和标题栏。

1.3　徒手绘图

徒手绘图指的是按自测比例徒手画出草图。草图并不是潦草的图,仍应基本做到图形正确、线型分明、比例匀称、字体工整、图面整洁。徒手绘图是工程技术人员必须具备的一项基本技能。一般用 HB 铅笔,在方格纸上画图,如图 1-34 所示。

1.3.1　直线的徒手画法 ►►►►

画直线时,眼睛看着图线的终点,画短线常用手腕运笔,画长线则以手臂动作,且肘部不宜接触纸面,否则不易画直。画较长线时,也可以在直线中间目测定出几个点,然后分段画。水平线由左向右画,铅垂线由上向下画。

对于各种不同方向的线,可以通过转动图纸,来找到最适合自己画直线的倾斜角度来画,如图 1-35 所示。

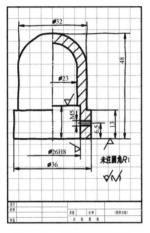

图 1-34　徒手绘零件图

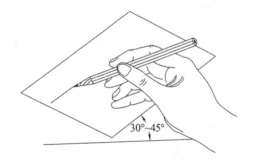

图 1-35　直线的徒手画法

1.3.2　圆的徒手画法 ►►►►

画圆时应先通过圆心画两条互相垂直的中心线,确定圆心的位置,再根据直径的大小,在中心线上截取 4 点,然后徒手将 4 点连成圆,如图 1-36(a)所示。当圆的直径较大时,可通过圆心再画两条 45°的斜线,在斜线上再截取 4 点,然后徒手将 8 点连成圆,如图 1-36(b)所示。

1.3.3　椭圆的徒手画法 ►►►►

画椭圆要先确定椭圆长短轴的位置,再用目测定出其端点,并过四端点画一矩形,然后徒手画与矩形相切的椭圆,如图 1-37 所示。

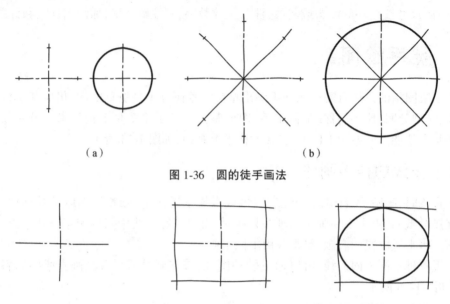

（a）   （b）

图 1-36　圆的徒手画法

图 1-37　椭圆的徒手画法

习题

1.GB/T 14689—2008《技术制图　图纸幅面和格式》中，"GB"表示_____，"T"表示_____，"14689"表示_____，"2008"表示_____。

2.A3 图纸的尺寸为_____。

3.第三角画法的投影识别符号为_____（A.◁⊕　B.⊕◁）。

4.1∶5 为_____比例（A.放大　B.缩小）。

5.图样中的汉字应写成_____体字。

6.机械图样中粗线宽度优先采用_____。

7.尺寸线用细实线单独绘制，_____用其他图线代替（A.能　B.不能）。

8.简述各种图线的主要用途。

9.简述尺规绘图的步骤和方法。

10.根据平面图形的尺寸分析和画图步骤，绘制图 1-37 所示图形。各部分尺寸自定或从图上量取。

第 2 章 投影与视图

2.1 投影法

2.1.1 投影法的基本概念 >>>

物体在光线的照射下,会在墙面或地面投下影子,这就是自然界的投影现象。投影法是将这一现象加以科学的抽象而产生的。如图 2-1(a)所示,将 $\triangle ABC$ 置于空间点 S 和平面 P 之间,即构成一个完整的投影体系。其中点 S 称为投射中心,直线 SA、SB 和 SC 称为投射线,平面 P 称为投影面。直线 SA、SB 和 SC 与 P 面的交点 a、b 和 c,为点 A、B 和 C 在 P 面上的投影。这种确定物体在投影面上投影的方法称为投影法。有关投影法的术语和内容可查阅 GB/T 16948—1997《技术产品文件 词汇 投影法术语》和 GB/T 14692—2008《技术制图 投影法》。

2.1.2 投影法的分类 >>>

投影法可分为中心投影法与平行投影法两大类。

2.1.2.1 中心投影法

如图 2-1(a)所示,所有的投影线相交于投射中心,这种投影法称为中心投影法。用中心投影法获得的投影其大小是变化的,空间物体距离投影中心越近,其投影越大,反之越小。常用中心投影法绘制建筑物的透视图,以及产品的效果图。

2.1.2.2 平行投影法

投影中心距离投影面无限远,所有投影线相互平行,这种投影法称为平行投影法。用平行投影法得到的投影,只要空间平面平行于投影面,则其投影反映真实的形状和大小。平行投影法又分为两种:

(1)斜投影法:投影线倾斜于投影面的投影法,如图 2-1(b)所示。

(2)正投影法:投影线垂直于投影面的投影法,如图 2-1(c)所示。

机械图样采用正投影法绘制,斜投影法常用来绘制轴测图。本书后续内容,除已指明的部分外,均采用正投影法。空间点用大写字母表示,其投影用同名小写字母表示。

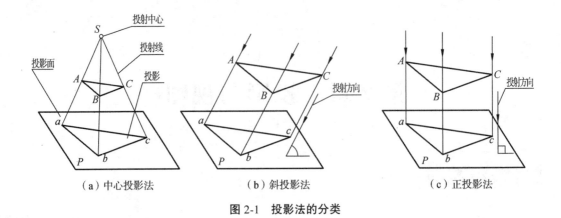

（a）中心投影法   （b）斜投影法   （c）正投影法

图 2-1　投影法的分类

2.2　投影图

2.2.1　投影体系 >>>>

　　物体都占有一定的空间，具有一定的形状和大小，自然在三维空间上形成了左右、前后、上下的位置关系，如图 2-2 所示。物体用正投影法向投影面 V 投射，得到 V 面投影，如图 2-3 所示。可以明显看出，从三维物体到二维投影图，被表达物体一个方向（一维）的信息丢失。单面投影很难清晰、完整地表达对象的位置、大小和形状等信息，因而采用多面投影体系解决这一问题。

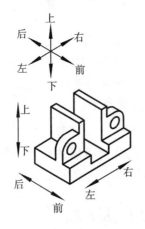
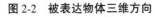

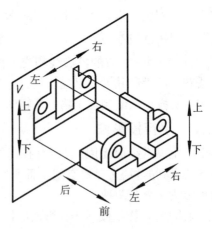

图 2-2　被表达物体三维方向　　　　　　　图 2-3　单面投影

tu2-2

　　在图 2-3 单面投影的基础上，再加上一个与投影面 V 垂直相交的投影面 H，即构成两面投影面体系，如图 2-4 所示。从图 2-4 可以看出，被表达物体在单面投影中缺失的一个方向的信息在两面投影中得到反映。在两面投影面体系中，再加上一个与投影面 V 和投影面 H 均垂直相交的投影面 W，即构成三面投影面体系，如图 2-5 所示。

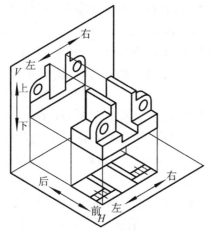

图 2-4　两面投影面体系　　　　　图 2-5　三面投影面体系

在图 2-5 的三面投影体系中,投影面 H、V、W 分别称作水平投影面、正立投影面和侧立投影面,三投影面交点标记为原点 O,投影面 H 和投影面 V 交线标记为轴 OX;投影面 H 和投影面 W 交线标记为轴 OY;投影面 V 和投影面 W 交线标记为轴 OZ。物体在三个投影面上的投影分别称作正面投影、水平投影、侧面投影,空间点 A 的三面投影分别标记为 a、a' 和 a''。

2.2.2　多面投影图 》》》》

被表达对象向多面投影体系投射后,得到的多面投影并不在一个平面上,如图 2-6 所示。为了把三投影面的投影画在同一个平面上,规定 V 面不动,H 面绕 OX 轴向下旋转 $90°$,W 面绕 OZ 轴向后旋转 $90°$,都与 V 面重合,如图 2-7 所示。OY 轴一分为二:随 H 面旋转的用 OY_H 标记,随 W 面旋转的用 OY_W 标记。去掉限制投影面大小的边框,就得到了三面投影图,如图 2-8 所示。

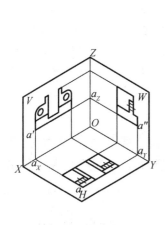
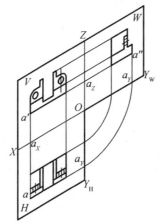
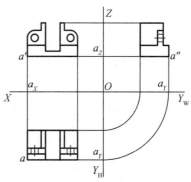

图 2-6　三面投影　　　图 2-7　三面投影展开　　　图 2-8　三面投影图

被表达对象的每一点（以点 A 为例，参考图 2-8）在投影图中有如下投影规律：

（1）正面投影和水平投影的连线垂直于 OX 轴，即 $a'a \perp OX$；

（2）正面投影和侧面投影的连线垂直于 OZ 轴，即 $a'a'' \perp OZ$；

（3）水平投影到 OX 轴的距离等于侧面投影到 OZ 轴的距离，即 $aa_X = a''a_Z$（均等于 Oa_Y）。

若把三投影面体系看作空间直角坐标系，则 H、V、W 面为坐标面，OX、OY、OZ 轴为坐标轴，O 为坐标原点，则点 A 的直角坐标 (x_A, y_A, z_A) 分别是点 A 至 W、V、H 面的距离。点 A 至 W 面的距离为 x_A；点 A 至 V 面的距离为 y_A；点 A 至 H 面的距离为 z_A。如果已知点两面投影，其他一面投影均可根据点的投影规律作出。

由于立体上几何要素之间的相对位置并不因立体与投影面的距离不同而变化，即立体的投影的形状和大小与立体和投影面的距离无关，所以通常将立体的投影图画成无轴投影图，如图 2-9 所示。但各点的正面投影和水平投影应位于竖直的投影连线上；正面投影和侧面投影应位于水平的投影连线上；任意两点的水平投影和侧面投影应保持前后方向的宽度相等和前后对应的投影关系。这种对应关系既可用圆规量取，也可用 45° 辅助线量取，如图 2-10 所示。

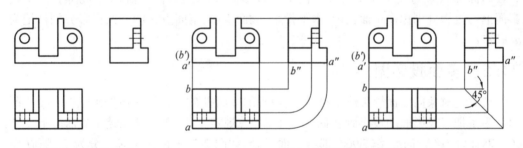

图 2-9　无轴投影图　　　　　图 2-10　投影间对应关系

2.2.3　立体的直线、平面与投影面位置关系 ❯❯❯❯

立体表面上包含点、线、面等几何要素，把立体的几何要素全部表达在投影图上时，自然得到立体的投影。所以，画立体投影的过程，一般是先取点，再连线，最后围成立体全部表面。直线、平面与投影面的相对位置，有一般和特殊两种情况。特殊位置又分为与投影面平行、与投影面垂直。

2.2.3.1　直线

两点可确定一条直线，作出直线上的两点（一般取线段的两个端点）的三面投影，并将同面投影相连，即得到直线的三面投影。直线的投影一般仍为直线，特殊情况下积聚为一点。

（1）一般位置直线

一般位置直线是与三投影面都倾斜的直线，其三面投影都是与投影轴倾斜且比直线实长短的直线，如图 2-11 所示立体棱线 AB。

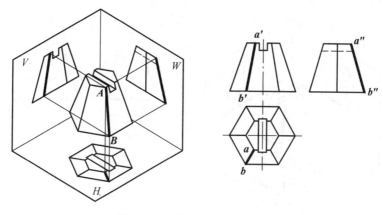

图 2-11 一般位置直线投影图

tu2-11

（2）投影面平行线

投影面平行线是平行于一个投影面,倾斜于另外两个投影面的直线。平行于 H 面的是水平线;平行于 V 面的是正平线;平行于 W 面的是侧平线。

投影面平行线的投影特性是:直线在所平行的投影面上的投影反映空间线段的实长;该投影与相应投影轴的夹角反映空间线段与相应投影面的夹角;另外两个投影长度小于空间线段的实长。如图 2-12 所示,直线 BC 是水平线,其水平投影 bc 反映直线的实长,并且反映直线与 V、W 两面的夹角,其他两面投影平行于投影轴。

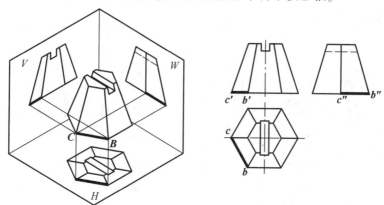

图 2-12 水平线投影图

（3）投影面垂直线

投影面垂直线是垂直于一个投影面,必然平行于另外两个投影面的直线。垂直于 H 面的是铅垂线;垂直于 V 面的是正垂线;垂直于 W 面的是侧垂线。

投影面垂直线的投影特性是:直线在所垂直的投影面上的投影有积聚性;另外两个投影反映空间线段的实长,并垂直于相应的投影轴。如图 2-13 所示,直线 BE 是侧垂线,其侧面投影积聚为一点,其他两面投影均垂直于投影轴且反映线段的实长。

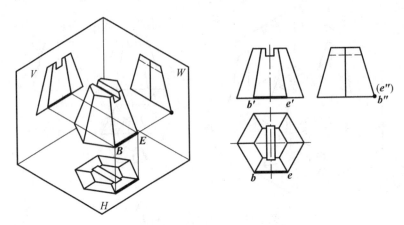

图 2-13　侧垂线投影图

2.2.3.2　平面

初等几何中，可以用一组几何要素来确定平面，通常有五种情况：不在一条直线上的三个点；一直线和直线外一点；平行两直线；相交两直线；任意平面几何图形。一般立体表面平面的投影是封闭的线框，特殊情况下积聚为一条直线。

（1）一般位置平面

一般位置平面是与三投影面都倾斜的平面，三面投影均为缩小的类似形，如图 2-14 中立体左前面 P 所示。

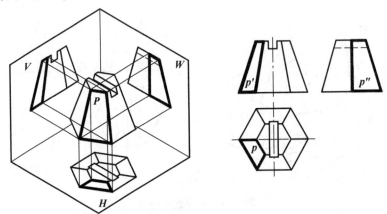

图 2-14　一般位置平面投影图

（2）投影面垂直面

投影面垂直面是垂直于某一投影面，倾斜于另外两个投影面的平面。垂直于 H 面的是铅垂面；垂直于 V 面的是正垂面；垂直于 W 面的是侧垂面。

投影面垂直面的投影特性是：当平面垂直于某一投影面时，平面在该投影面上的投影积聚为直线（平面内任何几何要素的投影都重合在该直线上，这种特性称为平面的积聚性）；且该积聚性投影与相应投影轴的夹角，反映空间平面与另外两个投影面的倾角；

平面的另外两个投影均为缩小的类似形,如图 2-15 立体正前面 Q 所示。面 Q 为侧垂面,因而侧面投影 q'' 积聚为一条直线。

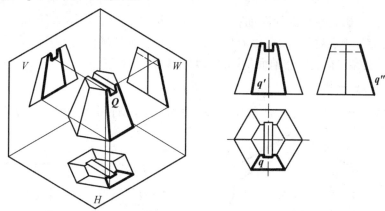

图 2-15 侧垂面投影图

（3）投影面平行面

投影面平行面是平行于一个投影面,并且(必然)垂直于另外两个投影面的平面。平行于 H 面的是水平面;平行于 V 面的是正平面;平行于 W 面的是侧平面。

投影面平行面的投影特性是:平面在所平行的投影面上的投影反映空间平面的实形;另外两面投影积聚为直线,且平行于相应的投影轴。如图 2-16 立体顶面 R 所示。面 R 为水平面,故其水平投影反映立体顶面实形。

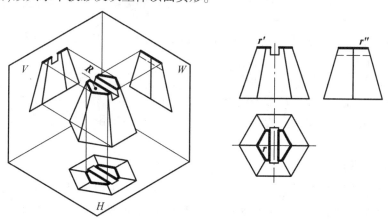

图 2-16 水平面投影图

2.2.4 美育延伸——不变性 »»»

立体的线面经过投影,在投影图上的对应线面很有可能产生变形,如线段变短、平面投影不是实形等。但无论怎样变化,一些基本特征保持不变,这也是为什么可以通过投影读懂被投影立体的空间信息,即投影图可以表达空间立体。

2.2.4.1 从属性

如果点在直线或平面上，则点的投影必在直线或平面的同面投影上；如果直线在平面上，则直线的投影必在平面的同面投影上。如图 2-17 所示，图中直线 *BD* 在立体左前面上，点 *F* 在直线上，从投影图可以看出，点 *F* 的投影确实在直线 *BD* 的同面投影上，直线 *BD* 的投影也确实在立体左前面的同面投影上。

2.2.4.2 定比性

线段上的点分割线段成定比，投影后保持不变。定比性可以从图 2-17 看出。

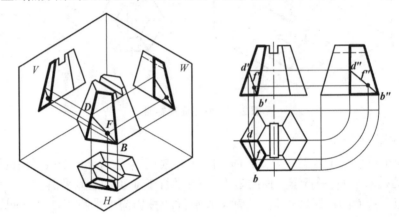

图 2-17　从属性和定比性

2.2.4.3 平行关系

平行两直线，所有同面投影必定互相平行；反之，所有同面投影都互相平行的直线，必定是平行两直线。

如果平面外一直线和这个平面内的一直线平行，则此直线与该平面平行；反之，如果在一平面内能找出一直线平行于平面外一直线，则此平面与该直线平行。

如果一平面内的相交两直线对应平行于另一平面内的相交两直线，则这两个平面互相平行。

2.2.4.4 类似形

平面的投影如果没有积聚性，必然是平面实际形状的类似形，如图 2-18 所示。

类似形可以用来检查所画的投影图是否正确，即检查投影图中的平面是否与其表达的实际立体上的平面是类似形；不同面投影中表达同一平面的部分是否为类似形。类似形中，顶点数、从属关系、平行关系以及同方向的比例关系一定不变。

2.2.4.5 投影成实形的方法

虽然投影图有以上一些不变的基本特征，但如果与要表达的对象的实形相比产生了变形，也会影响到绘制和阅读投影图。因而，最理想的是投影图直接反映立体表面实形。从 2.2.3 部分可知道，当所表达平面与投影面平行时，投影直接反映实形，因而在绘制投影图放置立体时，首选能最大限度地让更多的立体表面成为投影面的平行面，以便于直

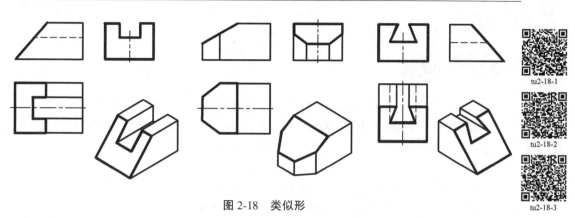

tu2-18-1

tu2-18-2

tu2-18-3

图 2-18 类似形

接量取尺寸绘制。

当然,由于要表达的对象一般都不是方方正正的,不可能所有表面同时都能成为三个投影面的平行面。为了得到某一平面的真实投影,需要增加一个与该平面平行的平面作为辅助投影面,平面向辅助投影面投影得到实形后,再把辅助投影面绕辅助投影面与基本投影面的交线旋转 90°,使之与基本投影面重合(如图 2-19 所示),得到该平面的投影实形(如图 2-20 所示)。

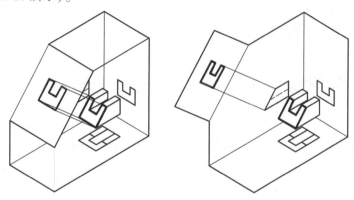

图 2-19 辅助投影面及展开

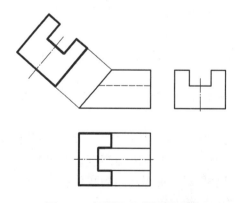

图 2-20 倾斜平面的投影实形

2.3 视图

在机械制图中,将物体向投影面作正投影所得到的投影图称为视图。

工程图样中,常用三视图来表达简单物体的形状,国家标准规定三视图的名称如下:

主视图——自前方投射,在正立投影面上所得的视图;

俯视图——自上方投射,在水平投影面上所得的视图;

左视图——自左方投射,在侧立投影面上所得的视图。

工程上三视图的形成过程及视图间的联系如图 2-21 所示。

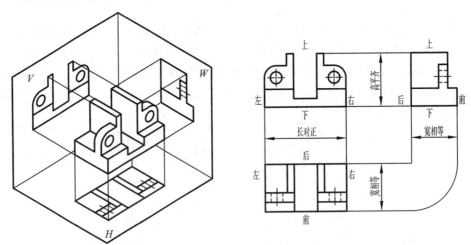

图 2-21 三视图的形成过程及视图间的联系

三视图的位置关系按照三个投影面展开形成,俯视图在主视图的正下方,左视图在主视图的正右方。按此位置配置的三视图,不需注写名称。

从图 2-21 中可以看出:

主视图表示物体正面的形状,反映物体的长度和高度及各部分的上下、左右位置关系。

俯视图表示物体顶面的形状,反映物体的长度和宽度及各部分的左右、前后位置关系。

左视图表示物体左面的形状,反映物体的高度和宽度及各部分的上下、前后位置关系。

每一个视图只能反映物体长度、宽度、高度三个尺度中的两个。主视图、俯视图都反映物体的长度;主视图、左视图都反映物体的高度;俯视图、左视图都反映物体的宽度。由此可得出三视图的投影规律,即三视图之间的联系:

长对正——主视图、俯视图长对正;

高平齐——主视图、左视图高平齐;

宽相等——俯视图、左视图宽相等。

在画图和读图过程中,应注意物体的上、下、左、右、前、后六个方位与视图的关系。特别要注意俯视图和左主视图之间的前后对应关系:俯视图的下方和左视图的右方都反映物体的前方;俯视图的上方和左视图的左方都反映物体的后方。也就是说,在俯视图、左视图中,靠近主视图的一侧,表示物体的后面,远离主视图的一侧,则表示物体的前面。所以,俯视图、左视图之间除了宽相等外,还应保证前后位置的对应关系。

如果留心,就会发现三视图与前面讲述的三面投影图在形成及投影特性上具有高度一致性,视图本身就是投影图,只不过用在工程图样中就称为视图了。

2.4　基本体

机械零件因其作用不同而结构形状各异。但从几何观点分析,都可以看成由若干常见的简单基本体经过叠加、挖切形成的组合体。本节介绍基本体的表达方法。

为了方便讲解,按照立体表面几何性质的不同,把立体分为平面立体和曲面立体。规定如下:若围成立体的所有表面均为平面,则为平面立体;若围成立体的所有表面中有曲面,则为曲面立体。

2.4.1　平面立体》》》》

2.4.1.1　平面立体的视图及表面取点

平面立体的表面由若干平面多边形围成,因此,绘制平面立体的视图,就是绘制立体所有平面多边形的投影,即绘制各多边形的边和顶点的投影。

轮廓线的投影可见时,用粗实线表示;不可见时,用细虚线表示;粗实线与细虚线重合时,应用粗实线表示。

工程上常用的平面立体基本体是棱柱和棱锥。

(1)棱柱

例 2-1　正六棱柱三视图及表面取点,如图 2-22 所示。

由图 2-22 可以看出,正六棱柱的顶面与底面为水平面,其俯视图反映实形,即正六边形,其他两视图积聚为线段;AB 与 DE 棱面为正平面,其正面投影反映实形,其他两视图积聚为线段;其余四个侧棱面均为铅垂面,其水平投影积聚为线段,其他两视图为缩小的类似形。

图中也标记了六棱柱表面上点 K 在三视图中的位置。

若立体表面一点在某一主视图,如主视图上标出,可按下述方法确定点 K 在其他两视图的位置:首先根据已知的点投影 k' 的位置及其可见性,判定 K 点在哪个立体表面上。然后即可根据从属关系作图。若点所在表面有积聚性,则利用积聚性直接取点。

在图 2-22 中,根据 k' 可见及其位置,可确定 K 点在 FA 棱面(左前面)上,利用该表面水平投影的积聚性,即可直接由 k' 求得 k,再由 k' 及 k 得 k''。图中的 K 点在三视图均为可见,如果某一方向不可见,在标记时应加注括号。例如,若 K 点在主视图上标记为

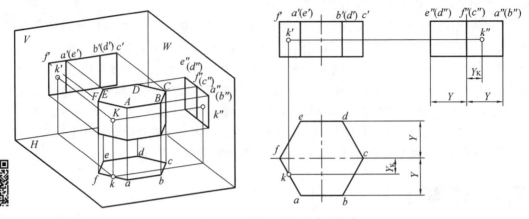

tu2-22

图 2-22　正六棱柱三视图及表面取点

(k')，则表示 K 点在 FE 棱面（左后面）上。

（2）棱锥

例 2-2　正三棱锥三视图及表面取点，如图 2-23 所示。

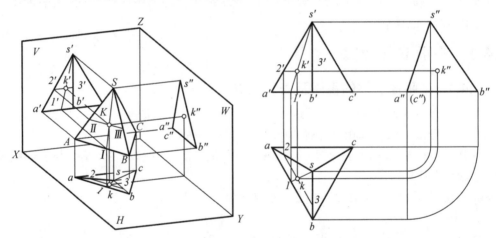

tu2-23

图 2-23　正三棱锥三视图及表面取点

由图 2-23 可知，底面 $\triangle ABC$ 为水平面，在俯视图中反映实形，因而在绘制三视图时，一般先画俯视图。因棱线 AC 为侧垂线，故棱面 $\triangle SAC$（后面）为侧垂面，其侧面投影积聚为直线。棱线 SB 为侧平线，棱面 $\triangle SAB$（左前面）和 $\triangle SBC$（右前面）均为一般位置平面。图中也标记了三棱锥表面上点 K 在三视图中的位置。

依据三棱锥放置的位置可知：主视图中 $\triangle SAB$（左前面）和 $\triangle SBC$（右前面）上的点均可见，$\triangle SAC$（后面）上的点不可见；俯视图中棱面 $\triangle SAB$（左前面）、$\triangle SBC$（右前面）和棱面 $\triangle SAC$（后面）上的点均可见，$\triangle ABC$（底面）上的点不可见；左视图中 $\triangle SAB$（左前面）上的点可见，$\triangle SBC$（右前面）上的点不可见，$\triangle SAC$（后面）和 $\triangle ABC$（底面）具有积聚性，其上点一般不需要标记可见性。

若立体表面一点在某一视图，如主视图上标出，可按下述方法确定点 K 在其他两视图的位置:首先根据已知的点投影 k' 的位置及其可见性,判定 K 点在哪个立体表面上。然后即可根据从属关系作图。若点所在表面有积聚性,则利用积聚性直接取点。

在图 2-23 中,根据 k' 可见及其位置,可确定 K 点在 $\triangle SAB$(左前面)上,该平面为一般位置平面,在三视图中均无积聚性,故需要利用从属关系取点,即辅助线法。棱锥表面取点一般用过锥顶连线和作底边平行线两种方法。

方法一:主视图上连接 $s'k'$,延长与底边 $a'b'$ 交于 $1'$,作出辅助线 $S \text{ I}$。点 I 在底边 AB 上,点 K 在辅助线 $S \text{ I}$ 上。由从属关系可在俯视图中作出 1,连接 $s1$,再由从属关系在 $s1$ 上作出 k。在左视图中由投影规律作出 k''。

方法二:主视图上过 k' 引出直线 $2'3'$ 平行于底边 $a'b'$,作出辅助线 IIIII。点 II 在棱边 SA 上,点 III 在棱边 SB 上,点 K 在辅助线 IIIII 上。由从属关系和平行关系可在俯视图中作出 23 平行于 ab,再由从属关系在 23 上作出 k。在左视图中由投影规律作出 k''。

2.4.1.2　平面立体的截切

平面与立体表面的交线称为截交线;当平面切割立体时,截交线所围成的平面图形称为截断面。研究截切问题,实质就是求截断面的投影。

(1)单面截切

例 2-3　正三棱锥被正垂面 P 切去锥顶后的主、俯视图,如图 2-24 所示。

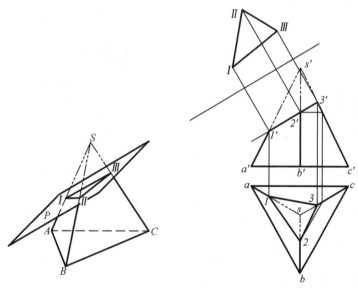

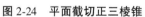

图 2-24　平面截切正三棱锥

从图中可以看出,单面截切的要点是求截平面与被截切立体棱线的交点。

本例中平面 P 为正垂面,与三棱锥的三条棱 SA、SB、SC 分别交于点 I、点 II 和点 III。主视图中平面 P 具有积聚性,可以直接得到 $1'$、$2'$ 和 $3'$。利用从属性和立体表面取点的方法,在俯视图中求出 1、2 和 3,连接 12、23 和 31,得到截断面在俯视图中的投影。

（2）多面截切

工程上立体经常被开槽或穿孔，即立体被一组多个平面截切。正四棱锥被 P、Q、R 三个平面切槽的主视图如图 2-25 所示。从图中可以看出，多面截切与单面截切立体的差别在于：截平面不仅和立体表面有截交线，如线 Ⅰ Ⅱ 和线 Ⅰ Ⅲ，截平面之间也会产生交线，如线 Ⅳ Ⅴ 和线 Ⅵ Ⅷ。多面截切比单面截切要复杂一些，但作图的关键问题仍然是求交点，连交线，解出截断面。

例 2-4 正四棱锥多面截切三视图，如图 2-26 所示。

从图 2-25 可以看出，截平面 P 为正垂面，形成的截断面为五边形 Ⅰ Ⅱ Ⅳ Ⅴ Ⅲ，分别作出 5 个顶点，依次连线即可作出截断面；截平面 R 为侧平面，形成的截断面为四边形 Ⅳ Ⅴ Ⅷ Ⅵ，分别作出 4 个顶点，依次连线即可作出截断面；截平面 Q 为水平面，形成的截断面为五边形 Ⅵ Ⅶ Ⅸ Ⅹ Ⅷ；分别作出 5 个顶点，依次连线即可作出截断面。

如果已知主视图切口，可以作俯视图、左视图，如图 2-26 所示。

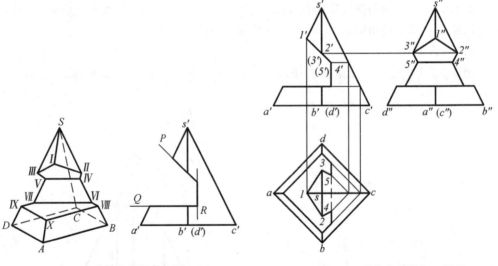

tu2-25

图 2-25　正四棱锥多面截切主视图　　　　图 2-26　正四棱锥多面截切三视图

从图 2-25、图 2-26 可以看出，截平面 P、Q、R 在主视图中有积聚性，可以直接得到截断面的各个顶点，再利用从属关系和立体表面取点的方法，作出各个顶点在其他视图中的对应位置，最后依次连线完成三视图的绘制。

2.4.2　曲面立体 ▶▶▶▶

在机械加工中，车床主轴做回转运动，因而机械零件中常见的曲面是回转面，如圆柱、圆锥等。本部分仅介绍常见的回转体。

回转面的形成可以认为是一条平面曲线或直线（称为母线），绕一条固定直线（称为轴线）回转形成。母线的每一个具体位置称为素线，母线上的每个点绕轴线回转一周扫过的轨迹是垂直于轴线的圆，称为纬线。如果点在素线或纬线上，点的投影必在素线或纬线的同面投影上。常见回转面的形成如图 2-27 所示。

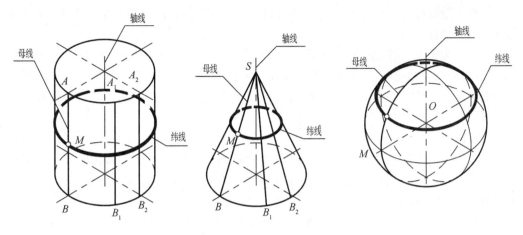

图 2-27　常见回转面的形成

2.4.2.1　曲面立体的视图及表面取点

曲面立体的视图是其轮廓向某一方向投影的结果,即立体表面的投影。

在曲面立体表面上取点时,若点在平面表面上,按照平面取点的方法求解;若点在回转面上,如果表面有积聚性,则可用积聚性直接取点,如果表面无积聚性,则作出回转面上过该点的素线或纬线,利用从属关系求解。

(1)圆柱体

例 2-5　轴线为铅垂线的圆柱体三视图及表面取点,如图 2-28 所示。

由图可知,圆柱体的顶面与底面均为水平面,侧面为圆柱面,且该圆柱面垂直于 H 面。

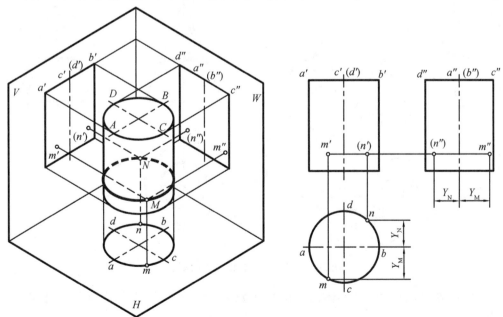

图 2-28　圆柱体三视图及表面取点

圆柱体俯视图为一个与圆柱直径相等的圆,该圆既表示顶面与底面的实形,又表示圆柱面的积聚性投影。

主视图为矩形,该矩形的上、下两边,分别表示圆柱体的顶面与底面,长度等于圆柱的直径;另外两条边是圆柱面的两条素线,称为左、右轮廓线,亦称正面转向线。前半圆柱面上的点,如点 M,在主视图中可见,故标记为 m';后半圆柱面上的点,如点 N,在主视图中不可见,故标记为 (n')。

左视图为矩形,该矩形的上、下两边,分别表示圆柱体的顶面与底面,长度等于圆柱的直径;另外两条边是圆柱面的两条素线,称为前、后轮廓线,亦称侧面转向线。左半圆柱面上的点,如点 M,在左视图中可见,故标记为 m'';右半圆柱面上的点,如点 N,在左视图中不可见,故标记为 (n'')。

若已知主视图上 m' 位置,点 M 在其他视图上的位置可以按照如下方法解出:由于点 M 在主视图上可见,且不在矩形框边上,可以判断出点 M 在圆柱面上,且位于前侧,利用长对正,加上圆柱面在俯视图上有积聚性,作出 m;再由 m' 和 m,按照高平齐、宽相等,作出 m''。又知点 M 在圆柱面的左侧,故 m'' 可见。

同理,根据 (n'),即可作出 n 和 (n'')。

（2）圆锥体

圆锥体是由底圆平面与圆锥面围成的。

例 2-6　轴线为铅垂线的圆锥体三视图及表面取点,如图 2-29 所示。

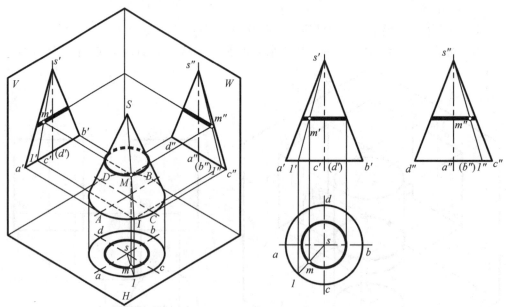

图 2-29　圆锥体三视图及表面取点

由图 2-29 可知,此时圆锥体的底圆平面为水平面,圆锥面上的所有素线都与 H 面倾斜。

俯视图为一个圆,该圆既表示底面圆的投影,又表示整个圆锥面的投影。当点位于底面时,在俯视图不可见;当点位于圆锥面时,在俯视图可见。

主视图为等腰三角形,底边表示底面,有积聚性,两腰分别是正面转向线 SA 和 SB。当点位于圆锥面前侧时,在主视图可见;当点位于圆锥面后侧时,在主视图不可见。

左视图为等腰三角形,底边表示底面,有积聚性,两腰分别是正面转向线 SC 和 SD。当点位于圆锥面左侧时,在左视图可见;当点位于圆锥面右侧时,在左视图不可见。

若已知主视图上 m' 位置,点 M 在其他视图上的位置可以按照如下方法解出:由于在主视图上可见,且不在底边上,可以判断出点 M 在圆锥面上,且位于前侧。圆锥面的三视图均无积聚性,需要在三视图中分别作出过点 M 的素线或纬线作为辅助线,然后利用从属关系解出。

素线法求解过程:主视图过锥顶 s' 连接 m',延长交底边于 $1'$;俯视图中求出 1,连接 $s1,m$ 在 $s1$ 上,作出 m;由 m'、m 按照高平齐、宽相等在左视图作出 m''。

纬线法求解过程:主视图过锥顶 m' 作纬线,由于纬线垂直于轴线,故为平行于底边的直线;俯视图中作出纬线,为底圆的同心圆,直径与主视图中表示纬线的直线等长,判断点 M 在圆锥面前侧,可由 m' 按长对正求得 m;由 m'、m 按照高平齐、宽相等在左视图作出 m'',并根据位置判断其可见性。

（3）球体

例 2-7　球体三视图及表面取点,如图 2-30 所示。

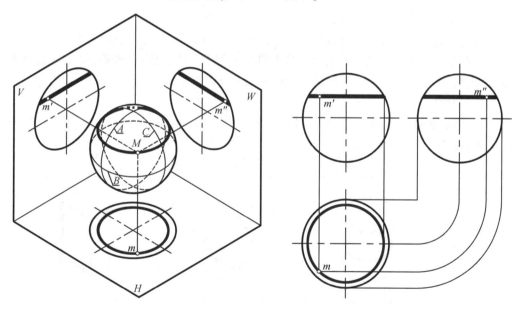

图 2-30　球体三视图及表面取点

球体表面是单一的圆球面,无论朝哪个方向投射,投影均为直径等于球体直径的圆。故球体的三视图分别为三个全等的圆,但表达不同的轮廓。

主视图:轮廓为正面转向线 A,A 将球体分为前半球、后半球,位于后半球面上的点不可见。

俯视图：轮廓为水平转向线 B,B 将球体分为上半球、下半球，位于下半球面上的点不可见。

左视图：轮廓为侧面转向线 C,C 将球体分为左半球、右半球，位于右半球面上的点不可见。

根据球面的特点，球体表面取点可用纬线法：过已知点作平行于某一转向线所在平面的圆，该圆也会与三个基本投影面之一平行，因而在三视图中分别为直线、直线和圆。

在图 2-30 中，若已知主视图上 m' 位置，点 M 在其他视图上的位置可以按照如下方法解出：主视图过 m' 作平行于水平投影面的纬线，该纬线在主视图积聚为一条水平直线；俯视图中该纬线是轮廓线（水平转向线）的同心圆，直径与主视图中表示纬线的直线等长，判断点 M 在圆锥面前侧，可由 m' 按照长对正求得 m，由主视图可以看出点 M 位于上半球面，因而可见；由 m'、m 按照高平齐、宽相等在左视图作出 m''，并根据位置判断其可见性。

本例应用水平圆纬线作图，当然也可用正平圆或侧平圆纬线作为辅助线作图，作图方法类似。

2.4.2.2 曲面立体的截切

曲面立体被平面截切，其截交线一般为封闭的平面曲线或由直线与曲线组成的平面几何图形。截交线上的点是立体表面和截平面的共有点，形状取决于立体表面的几何性质及截平面对立体的相对位置。截交线若为直线，需作出其端点；截交线若为曲线，需求一系列共有点，然后顺次光滑连线。曲线可以按照以下三步法求出：

首先，求曲线上的特殊点，即边界点，包括曲线的最高点、最低点、最前点、最后点、最左点、最右点及曲面转向线上的点；其次，求曲线上若干一般位置点；最后，将所取的点光滑连接成曲线，连线时要注意曲线的对称性及可见性的判别。

（1）圆柱体

圆柱体被平面截切，由于截平面对轴线的相对位置不同，截交线可有三种形状，即圆、椭圆和矩形，如表 2-1 所示。

表 2-1　圆柱体被平面截切的截交线

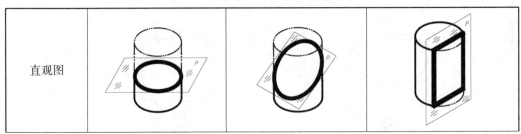

直观图			

续表

投影图	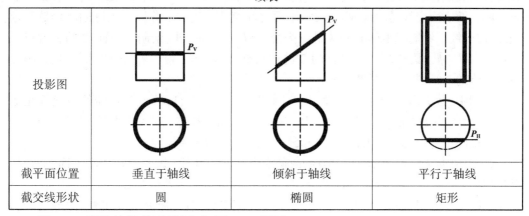		
截平面位置	垂直于轴线	倾斜于轴线	平行于轴线
截交线形状	圆	椭圆	矩形

例 2-8 圆柱体的单面截切,如图 2-31 所示。

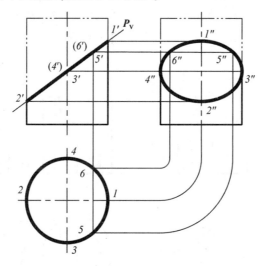

图 2-31 圆柱体单面截切

分析图 2-31 可知,本例为截平面倾斜于圆柱轴线的单面截切,截交线为截平面 P 与圆柱面的交线,其中截平面 P 为正垂面,在主视图中积聚为线段,圆柱面在俯视图中积聚为圆,故截交线在主视图、俯视图中可直接得出,分别为线段、圆。截交线在左视图中无积聚性,需要取点连续作出:

①取曲线上的特殊点,包括曲线的最高点(也是最左点) I 、最低点(也是最右点) II 、最前点 III 、最后点 IV ,点 I 、II 、III 、IV 均为曲面转向线上的点。

②求曲线上一般位置点,在此任取一对点 V 、VI ,点 V 在前,点 VI 在后。

③左视图中依次连接 $1''6''4''2''3''5''1''$,形成光滑连续曲线(椭圆)。本例中立体被截切后左低右高,故左视图中截交线全部可见。

例 2-9 圆柱体开槽后的三视图,如图 2-32 所示。

分析图 2-32 可知,圆柱体中间开槽,即被 P 、Q 、R 三个平面截切,截平面不仅和立体表面有截交线，截平面之间也会产生交线。截平面与立体平面表面交线是直线，截平面与立体曲面表面交线是曲线或直线，截平面之间交线是直线。作图的关键问题仍然是求交点，连交线。绘制截平面 P 的关键点为交点 Ⅰ、Ⅱ、Ⅲ、Ⅳ，绘制截平面 Q 的关键点为交点 Ⅴ、Ⅵ、Ⅶ、Ⅷ，绘制截平面 R 的关键点为交点 Ⅲ、Ⅳ、Ⅶ、Ⅷ。画图时，一般先画完整圆柱体的三视图，再画开槽部分。

本例中，截平面 P、Q 为侧平面，且与圆柱面回转轴平行，故截圆柱体的截交线是矩形；截平面 R 为水平面，且与圆柱面回转轴垂直，故截圆柱体的截交线是圆（圆弧）。

主视图中：截平面 P、Q、R 均有积聚性，故截交线为 3 条线段。

俯视图中：截平面 P、Q 有积聚性，故截交线为 2 条线段；截平面 R 为水平面，截交线反映实形。

左视图中：截平面 P、Q 为侧平面，截交线反映实形；截平面 R 有积聚性，故截交线为 1 条线段。由于交线 ⅢⅣ、ⅦⅧ 不可见，反映截平面 R 的线段中间一段以虚线绘制。在开槽部分，圆柱的侧面转向线被切去，轮廓线变为交线 ⅠⅢ、ⅡⅣ。

例 2-10　空心圆柱体开槽后的三视图，如图 2-33 所示。

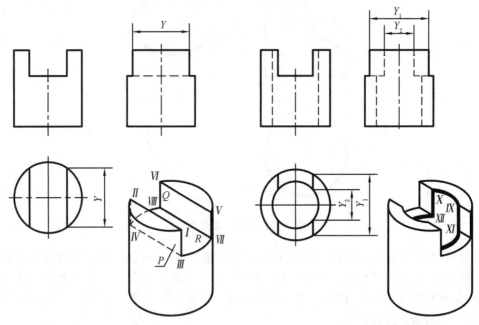

图 2-32　中间开槽圆柱体　　　　图 2-33　中间开槽空心圆柱体

本例解法与上例相似，只是因为圆柱空心，多了内表面。各个截切面与内表面的交线也应该画出，如截平面 Q 与内表面有交线 ⅨⅪ、Ⅹ Ⅻ。

（2）圆锥体

圆锥体被平面截切时，由于截平面相对于圆锥体轴线的位置不同，其截交线可以是圆、椭圆、抛物线+直线、双曲线+直线、三角形，如表 2-2 所示。

表 2-2　圆锥体被平面截切的截交线

直观图					
投影图					
截平面位置	垂直于轴线	倾斜于轴线且与所有素线相交	平行于 1 条素线	平行于 2 条素线	过锥顶
截交线形状	圆	椭圆	抛物线+直线	双曲线+直线	三角形

例 2-11　完成圆锥体被铅垂面 P 截切后的主、俯视图,如图 2-34 所示。

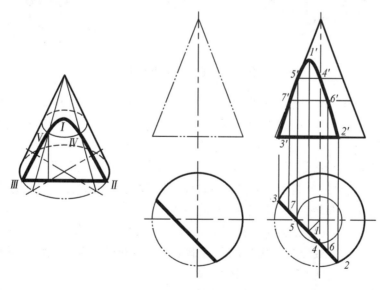

图 2-34　圆锥体单面截切

tu2-34

　　分析图 2-34 可知,本例的截平面为铅垂面,俯视图中已给出。截平面在俯视图中有积聚性,故截交线在俯视图中可直接得出,即截平面投影本身,为直线。截交线在主视图中无积聚性，需要取点连续作出。

取曲线上的特殊点，包括曲线的最高点（也是最左点）Ⅰ，最低点（也是最右点）Ⅱ、最低点（也是最左点）Ⅲ，曲面转向线上点Ⅳ、Ⅴ；取曲线上一般位置点，在此任取一对点Ⅵ、Ⅶ。

取点时由俯视图入手，在俯视图中可以直接定位，然后用素线法或纬线法作辅助线，求出各点在主视图中的位置。

依次连接 2′6′4′1′5′7′3′，形成光滑连续曲线，然后直线连接 3′2′，完成两个视图中的截交线绘制。此例中，截平面平行于轴线，必然与两条素线平行，故截交线为双曲线。

最后判别可见性，去除被切去的轮廓，完成圆锥体被截切后的主视图、俯视图。

例 2-12　已知圆锥体被截切后的主视图，如图 2-35 所示，完成三视图。

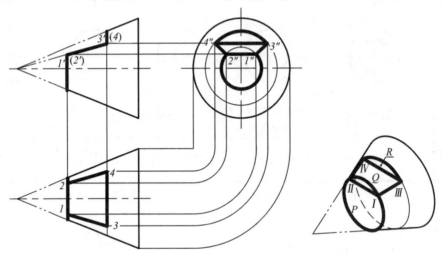

tu2-35

图 2-35　圆锥体多面截切

分析图 2-35 可知，圆锥的轴线为侧垂线，被侧平面 P、R 及过锥顶的正垂面 Q 截切。各个截切面性质分析如下：截平面 P 垂直于轴线，截交线为圆的一部分，关键点是交点 Ⅰ、Ⅱ；截平面 Q 过锥顶，截交线为三角形的一部分（梯形），关键点是交点 Ⅰ、Ⅱ、Ⅲ、Ⅳ；截平面 R 垂直于轴线，截交线为圆的一部分，关键点是交点 Ⅲ、Ⅳ。

主视图已知，且三个截平面都积聚为直线，可以直接确定 1′、2′、3′、4′ 的位置，并确定通过交点 Ⅰ、Ⅱ 的纬线和通过交点 Ⅲ、Ⅳ 的纬线。

左视图中，作出通过交点 Ⅰ、Ⅱ 的纬线，求得交点 1″、2″，再作出通过交点 Ⅲ、Ⅳ 的纬线，求得交点 3″、4″。截交线为圆弧 1″2″、梯形 1″2″4″3″ 和圆弧 3″4″，圆弧 1″2″ 和圆弧 3″4″ 反映实形，梯形 1″2″4″3″ 为缩小的类似形。

俯视图中，各点位置由主视图和左视图求得。截交线圆弧 12 和圆弧 34 积聚为直线，梯形 1243 为缩小的类似形。

（3）球体

球体被任何位置平面截切，其截交线均为圆。其中直径最大的圆是被过球心的平面截得的,其余位置的平面截得圆的直径均小于该圆。由于截平面相对于投影面的位置不同,截交线圆的投影可为圆、椭圆或直线。

例 2-13　球体被正垂面截切后的主视图、俯视图,如图 2-36 所示。

分析图 2-36 可知,主视图中截平面有积聚性,故在主视图中截交线即为表示截平面的线段。

特殊位置点:最高点 Ⅰ,最低点 Ⅱ,中间点 Ⅲ、Ⅳ,水平转向线上的点 Ⅴ、Ⅵ,侧面转向线上点为 Ⅶ、Ⅷ。

一般位置点:任取一定数量的一般位置点,如一般位置点 Ⅸ、Ⅹ。

已知各点主视图的位置,用纬线法可以作出各点在其他视图中的位置。图中给出俯视图中点 9、10 位置的作法示例。顺次光滑连接各个点,得到俯视中截交线。

最后判别可见性,去除被切去的轮廓,完成球体被截切后的主视图、俯视图。

例 2-14　已知半球被多面截切后的主视图,完成其他 2 个视图,如图 2-37 所示。

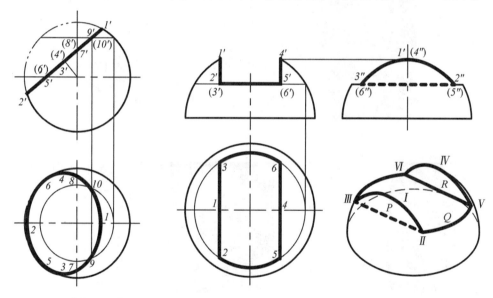

图 2-36　球体单面截切　　　　　　图 2-37　球体多面截切

tu2-37

分析图 2-37 可知,半球体上部开槽,即被侧平面 P、R 和一水平面 Q 截切,并去掉中间一部分球体。截平面 P 的截交线为圆弧 Ⅱ Ⅰ Ⅲ 及线段 Ⅲ Ⅲ,需要作出关键点 Ⅰ、Ⅱ、Ⅲ,以及过点 Ⅰ、Ⅱ、Ⅲ 的纬线圆;截平面 Q 的截交线为圆弧 Ⅱ Ⅴ 和 Ⅲ Ⅵ,以及线段 Ⅱ Ⅲ 和 Ⅴ Ⅵ,需要作出关键点 Ⅱ、Ⅲ、Ⅴ、Ⅵ,以及过点 Ⅱ、Ⅲ、Ⅴ、Ⅵ 的纬线圆;截平面 R 的截交线为圆弧 Ⅴ Ⅳ Ⅵ 及线段 Ⅴ Ⅵ,需要作出关键点 Ⅳ、Ⅴ、Ⅵ,以及过点 Ⅳ、Ⅴ、Ⅵ 的纬线圆。

俯视图中,各点位置可根据主视图按照球体表面取点的方法求得。面 P 截得的截交线积聚为线段 23;面 R 截得的截交线积聚为线段 56;面 Q 截得的截交线 2365 反映实形。

左视图中,各点位置可根据主视图及按照球体表面取点的方法求得。面 P 截得的截交线为圆弧 2″1″3″ 以及线段 2″3″,反映实形;面 Q 截得的截交线积聚为线段;面 R 截得的截交线为圆弧 5″4″6″以及线段 5″6″，反映实形。

最后判别可见性，去除被切去的轮廓，完成球体被截切后的三视图。

2.4.3　美育延伸——自然简洁的美 ▶▶▶▶

庄子在《庄子·外篇·知北游》中说道，天地有大美而不言，四时有明法而不议，万物有成理而不说。圣人者，原天地之美而达万物之理。

自然界呈现出丰富的美，蕴含着美的秩序、美的规则。自然美的规则至朴至简，却对我们影响深刻。自然美基本的要素已融入我们的潜意识、认知、情感、体验，甚至基因。这种影响指引我们的审美，激发我们的创造，感染我们的艺术，孕育我们的文化。

就自然美的表现而言，不乏基本几何体的例子。

图 2-38、图 2-39、图 2-40、图 2-41 显示了一些自然美的图形表达。

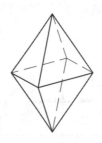

图 2-38　正八面体金刚石

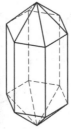

图 2-39　六方柱状水晶　　　　　图 2-40　蒲公英球状花序

图 2-41　圆锥状火山

自然形体的美还隐含了规则、秩序的美。以金刚石晶体为例，其结构是每个碳原子与另外四个碳原子形成共价键，按四面体成键方式互相连接，组成的无限的三维骨架。

这些自然简洁的个体美经过组合构成了丰富多彩的世界。设计理念与自然美学邂逅，就会产生诸多妙不可言的创意，如图 2-42、图 2-43 所示。

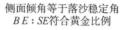

图 2-42　壮美神秘的金字塔

图 2-43　主体近似回转体的艺术品

 习题

1.什么是投影法？分为几种？各种投影法都有怎样的投影特点？工程上常用的投影图有哪些？

2.点的三面投影之间有怎样的关系？投影与坐标之间有怎样的联系？如何根据投影图判断两点之间的相对位置关系？

3.直线对投影面的相对位置有多少种情况？各种位置直线的投影特征是什么？什么情况下投影能反应空间线段的实长？

4.平面对投影面的相对位置有多少种情况？各种位置平面的投影特征是什么？什么情况下投影能反映空间平面的实形？

5.什么是视图？视图与投影有什么关系？

6.三视图间有什么对应关系？

7.何谓截断面？截断面的投影有什么特征？

8.如何画非圆曲线形式的截交线？

9.多面截切立体如何解题？

第3章 组合体

　　机械零件的结构形状因其作用的不同而各异，但从几何观点分析，都可以看成由若干常见的简单基本体经过叠加、挖切的方式而形成的组合体。

　　组合体也可以看成由机械零件抽象而成的几何模型。掌握组合体的画图与读图的方法十分重要，将为后续学习零件图的绘制与识读打下基础。

3.1　画组合体视图

3.1.1　组合体的组成形式及其视图特点 ▶▶▶▶

　　一般将组合体的组成形式归纳为"叠加"和"挖切"两种基本形式。如图 3-1 所示的物体，它由直立圆筒、水平圆筒、肋板和底板四大部分叠加而成，但在两个圆筒部分和底板部分都有挖切。这种将物体分解并抽象为若干基本体的方法，称为形体分析法。对组合体来说，它是画图和看图的最基本、最重要的方法之一。

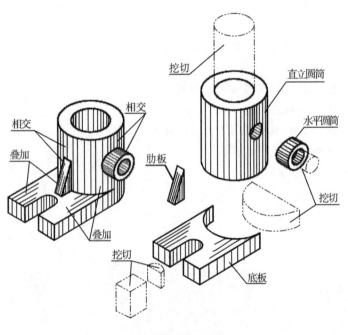

图 3-1　形体分析

无论哪种形式构成的组合体,各基本体之间都有一定的相对位置关系,各形体之间的表面也存在一定的连接关系。其连接形式通常有平齐、不平齐、相切和相交四种形式,分别如图 3-2(a)、(b)、(c)、(d)所示。

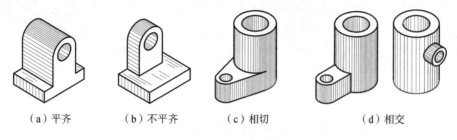

（a）平齐　　　（b）不平齐　　　（c）相切　　　　　（d）相交

图 3-2　组成立体表面间的关系

（1）当两形体相邻表面平齐(即共面)时,相应视图中,应无分界线,如图 3-3 所示。

（2）当两形体表面不平齐时,在相应视图中,两形体的分界处,应有线隔开,如图 3-4所示。当两曲面立体外表面或两内孔表面不平齐时,其情况是相同的,分别如图 3-5、图3-6 所示。

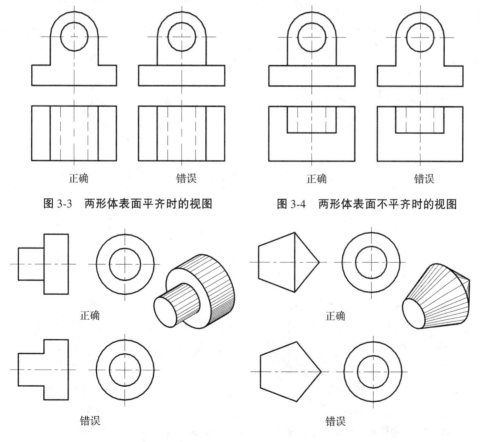

图 3-3　两形体表面平齐时的视图　　　图 3-4　两形体表面不平齐时的视图

图 3-5　两曲面立体外表面不平齐时的视图

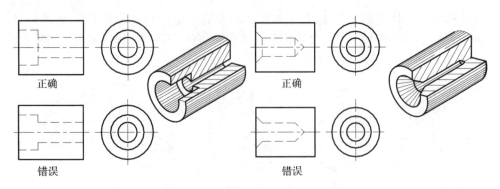

图 3-6　两内孔表面不平齐时的视图

（3）当两形体表面相切时,两表面的相切处是光滑过渡（即共面）的,所以在相切处不应画线,如图 3-7、图 3-8 所示。

（4）当两形体表面相交时,相交处必须画出交线,如图 3-9 所示。

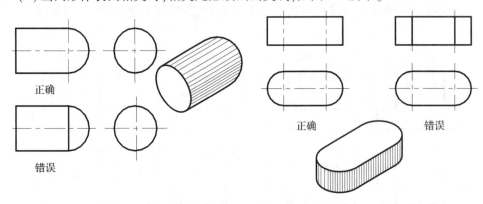

图 3-7　两形体表面相切时的视图

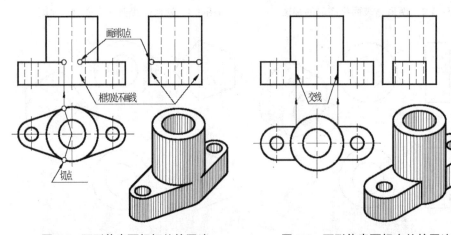

图 3-8　两形体表面相切处的画法　　　图 3-9　两形体表面相交处的画法

3.1.2 两曲面立体相交 ▶▶▶▶

当组合体组合为两曲面立体相交时,表面产生交线,该交线称为相贯线。本部分以常见的两回转体相交研究相贯线的画法。

3.1.2.1 相贯线的性质

相交回转体的几何形状及相对位置不同,其相贯线的形状也不同,但任何相贯线都具有以下性质:

(1)相贯线是相交两立体表面的共有线,也是两立体表面的分界线,由两立体表面上一系列共有点组成。

(2)立体是封闭的,所以相贯线一般为闭合的空间曲线,特殊情况下为平面曲线或投影为直线。

3.1.2.2 求相贯线的作图原理和方法

求相贯线实质上是求相交两立体表面上一系列的共有点,然后依次将其连成光滑曲线。一般情况下采用辅助平面法。辅助平面法的作图原理是“三面共点”,如图 3-10 所示。

图中所示为两不等直径的圆柱体轴线垂直相交,为求两立体表面的相贯线,采用平行于两圆柱轴线的辅助平面 P,P 面同时截切两圆柱体,在两立体相交范围内,截交线 AV 与 CV 的交点 V、BVI 与 DVI 的交点 VI,既属于 P 平面,又属于两圆柱面,即三面共有点。V、VI 两点即为相贯线上的点。用上述同样方法,取多个 P 面的平行面,则可得相贯线上一系列交点。

作图时,应按“简而易绘”的原则选择辅助平面。“简而易绘”有两重含义:一为辅助平面本身简单易绘,一般为用迹线表示的投影面的平行面;二为辅助平面截两立体的截交线简单易绘,一般为直线或圆。

3.1.2.3 求相贯线的步骤

(1)分析两立体表面的几何性质、两立体的相对位置及两立体与投影面的相对位置,由此想象出相贯线各面投影的大致形状和范围,并确定哪面投影需求作。

(2)选择辅助平面,并确定辅助平面的应用区间。

(3)在投影图上作图。先求相贯线上特殊位置点(即最高点和最低点、最前点和最后点、最左点和最右点、转向线上的点),以便确定相贯线的基本形状和投影的可见性,然后求若干一般位置点。

(4)判别相贯线上点的投影可见性,将各点的同面投影顺次光滑连线。若相贯线上的点同属于两立体表面的可见部分,则相贯线为可见,否则为不可见。

(5)检查并画全两立体表面的轮廓线。

例 3-1 正交两圆柱体的相贯线,如图 3-11 所示。

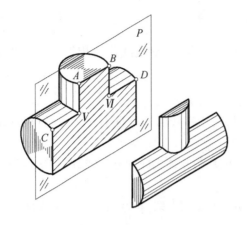

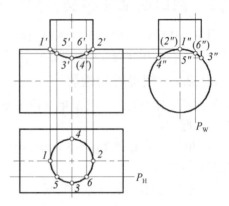

图 3-10　三面共点法　　　　　图 3-11　正交两圆柱体的相贯线

分析图 3-11 可知，相贯两立体为不等直径的两圆柱体，轴线垂直相交，其中一条轴线为铅垂线，另一条轴线为侧垂线，故两轴线均平行于 V 面。根据相贯线具有共有线性质，相贯线的水平投影积聚为一圆，相贯线的侧面投影积聚为一段圆弧。由于两圆柱的正面投影均无积聚性，故相贯线的正面投影需作，该投影是非圆曲线。

（1）选择正平面 P 为辅助面，如图 3-10 所示。此题也可选水平面或侧平面为辅助面。

（2）求相贯线上点的投影，其作图过程如图 3-11 所示。

此题特殊位置点可直接得到，如相贯线上的最高点分别 Ⅰ 、Ⅱ 的正面投影点 $1'$、$2'$，可由 1、2 和 $1''$、$2''$ 得出，即在两圆柱面的正面转向线上，它们也分别是相贯线上的最左点、最右点。相贯线上的最低点 Ⅲ（也是最前点）、Ⅳ（也是最后点），在直立圆柱的侧面转向线上，其正面投影 $3'$、$4'$，可由 3、4 和 $3''$、$4''$ 得出。

（3）求一般位置点。在两立体相交范围内，任取正平面 P 为辅助面，其水平投影积聚为 P_H，P_H 与圆交于 5、6 两点；侧面投影积聚为 P_W，P_W 与圆弧交于 $5''$、$6''$ 两点，由 5、6 和 $5''$、$6''$ 得 $5'$、$6'$。用同样方法，可再求出适当数量的一般位置点。

（4）相贯线为可见，由于相贯线前后对称，其正面投影前后重合为一段非圆曲线，用粗实线连接 $1'$、$5'$、$3'$、$6'$、$2'$，即为相贯线的正面投影。

（5）检查并画全两立体表面的轮廓线。

例 3-2　圆柱与圆锥台的相贯线，如图 3-12 所示。

分析图 3-12 可知，圆柱与圆锥台的轴线垂直正交，圆锥台的轴线为铅垂线，圆柱的轴线为侧垂线，侧面投影有积聚性，所以相贯线的侧面投影积聚为圆。因圆柱和圆锥台的正面投影和水平投影均无积聚性，故相贯线的正面投影和水平投影均需求作。

（1）选择水平面为辅助面，与圆锥台的截交线是圆，与圆柱面的截交线是素线。

（2）先求特殊位置点。由侧面投影可知，Ⅰ 、Ⅱ 两点分别是相贯线上的最高点、最低点，且在圆柱、圆锥台的正面转向线上，由 $1'$、$2'$ 可求得 1、2。Ⅲ 、Ⅳ 两点分别是相贯线上最前点、最后点，且在圆柱的水平面，利用过圆柱轴线的水平面 P_2 与圆锥台的截交线——

半径为 R_2 的纬线圆,可求得 3、4,再由 3、4 和 $3''$、$4''$ 得 $3'$、$4'$。

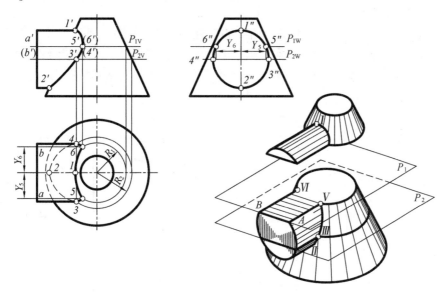

图 3-12　圆柱与圆锥台的相贯线

(3)再求一般位置点。作水平面 P_1,P_1 面上相贯线的侧面投影为 $5''$、$6''$。P_1 与圆锥台的截交线是半径为 R_1 的纬线圆,与圆柱面交于 A、B 两条素线,由水平投影可得 5、6。再由 5、6 和 $5''$、$6''$ 可得 $5'$、$6'$。用同样方法,可再求出适当数量的一般位置点。

(4)因正面投影相贯线前后对称,故其正面投影前后重叠,用粗实线连接 $1'$、$5'$、$3'$、$2'$。水平投影中,圆柱上半部分的相贯线可见,下半部分的相贯线不可见。以圆柱水平转向线上的点 3、4 为分界,用粗实线连接 3、5、1、6、4。用虚线连接 4、2、3。

(5)圆柱的水平转向线应画至 3、4 点。

3.1.2.4　轴线正交的两圆柱相贯线

轴线垂直相交的两圆柱的相贯线,在机械零件中最常见,熟悉和研究它们,对画图或看图都很重要。

(1)相贯线的简化画法

当两圆柱轴线垂直相交,且平行于某一个投影面时,相贯线在该投影面上投影的非圆曲线,可以用圆弧代替。该圆弧的圆心位于小圆柱的轴线上,其半径等于大圆柱的半径。作图过程如图 3-13 所示。

(2)两圆柱正交相贯线的变化趋势

如图 3-14 所示,垂直正交的两圆柱,当轴线为侧垂线的圆柱直径不变,而改变轴线为铅垂线的圆柱直径时,相贯线的正面投影总是凸向直径大的圆柱轴线,而且两圆柱直径越接近,相贯线就越接近大圆柱的轴线。但当两圆柱的直径相等时,相贯线的正面投影则变成相交两直线。

图 3-15 是直径变化时,轴线正交两圆柱相贯线的空间状况和投影图。其中前、后两

例的相贯线为两条闭合的空间曲线,中间一例的相贯线为平面曲线,是相交的两个椭圆。

（3）常见的相贯线形式

机械零件中除了上述轴线正交的两实心圆柱相贯外,还常会遇到其他形式的相贯,如图 3-16 所示。分别为:在图(a)实心圆柱上钻圆柱孔,其外表产生相贯线;图(b)和(c)为两圆柱孔相贯,其内表面产生相贯线;图(d)为在空心圆柱上钻圆柱孔,其内表面、外表面均产生相贯线。

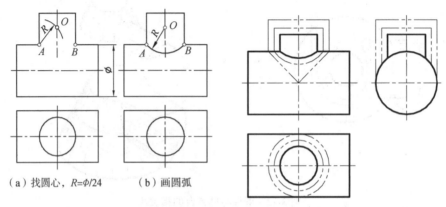

（a）找圆心,$R=\phi/24$　　　（b）画圆弧

图 3-13　正交两圆柱相贯线的简化画法　　　图 3-14　相贯线变化趋势

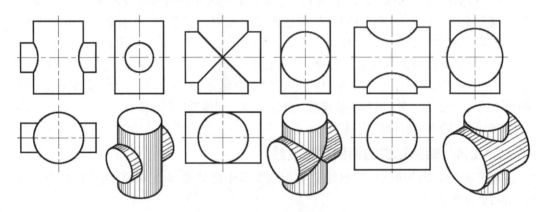

图 3-15　正交圆柱的相贯线

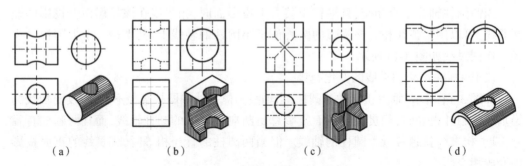

（a）　　　　　（b）　　　　　（c）　　　　　（d）

图 3-16　常见的相贯线形式

3.1.2.5　两回转体相交的特殊情况

两回转体相交,相贯线为平面曲线的情况如图 3-17、图 3-18 所示。

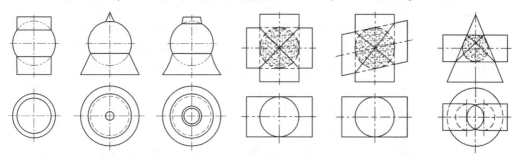

图 3-17　相贯线为圆　　　　　　　　　图 3-18　相贯线为椭圆

图 3-17 为回转体与球体相交,回转体的轴线通过球心,其相贯线为垂直于回转体轴线的圆;图 3-18 为两个相交的回转体同时外切一圆球面,其相贯线为相交的两个椭圆。此时,若两回转体的轴线都平行于某个投影面,则两个椭圆在该投影面上的投影为相交两直线。

3.1.3　画组合体三视图的方法和步骤 ▶▶▶▶

画组合体

下面以图 3-19 所示的支架为例,说明画组合体三视图的一般步骤和方法。

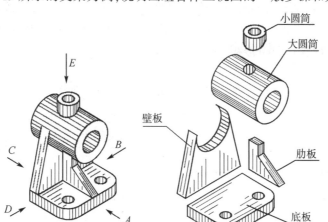

图 3-19　支架的形体分析

(1)形体分析

首先对所画的组合体进行形体分析,将组合体分解为若干部分,并分析它们由哪些基本形体组成,它们之间的组合关系、相对位置及表面连接关系,从而形成整个组合体的完整概念。

图 3-19 所示的支架可分解为直立小圆筒、水平大圆筒、壁板、肋板和底板 5 个部分。其中两个圆筒轴线成正交,内表面和外表面都有相贯线;壁板的左斜面、右斜面和大圆筒相切;肋板的左侧面、右侧面和大圆筒相交,有交线;壁板和底板的后端面是平齐的,壁板

的侧面和底板的侧端面斜交；肋板在底板的中间，它的斜面和底板的前端面相交；底板左前端、右前端被挖成两个圆孔；大圆筒后端突出壁板一段距离。

（2）选择主视图

一组视图中最主要的是主视图，主视图一经选定，俯视图和左视图的位置也就确定了。

选择主视图时，一般将物体放正，即将组合体的主要平面或轴线与投影面平行或垂直，选择最能反映组合体的形状特征及各基本体相互位置，并能减少将俯视图、左视图中虚线的方向作为主视图的投影方向，如图3-19中箭头 A 所示方向。综合考虑图面清晰和合理利用图幅，确定选择 A 向投影为主视图。

（3）选择适当的比例和图纸幅面

为了画图和看图的方便，尽量采用1∶1的比例。根据三视图及标注尺寸所需要的面积，并在视图间留出适当的间距，选用适当的标准图幅。

（4）布图，画基准线

布图时应注意各视图间及其周围要有适当的间隔，图面要匀称。常用中心线、轴线和较大的平面作为各视图的基准线以确定视图在两个方向的位置，如图3-20（a）所示。

（5）按投影规律画三视图

根据投影规律逐步画出各形体的三视图。画图时，一般先画主要部分和大的形体，后画次要部分和小的形体；先画实体，后画虚体（挖空部分）；先画大轮廓，后画细节；每一形体从具有特征的、反映实形的或具有积聚性的视图开始，将三视图联系起来画。但应注意，组合体是一个整体，当若干个形体结合成一体时，某些形体内部的分界线并不存在，画图时也不应画出，如图3-20（b）、（c）所示。

（6）检查、修改、描深

底稿完成后应认真检查修改，然后按规定的线型加深，如图3-20（d）所示。

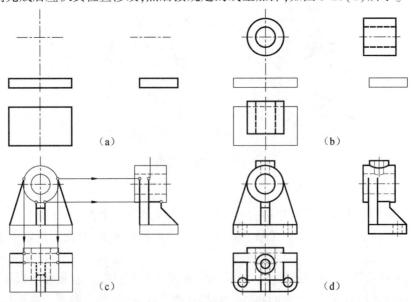

图3-20　画组合体三视图的步骤

3.2　组合体的尺寸标注

视图只能表达组合体的形状,而组合体各部分的大小和相对位置,则要通过标注尺寸来确定。尺寸标注的基本要求是正确、完整、清晰。

正确是指标注尺寸必须遵守国家标准《机械制图》中有关尺寸标注的规定,尺寸数值不能写错或出现矛盾;完整是指尺寸要注写齐全,既不遗漏各组成基本体的定形尺寸和定位尺寸,也不注重复尺寸;清晰是指尺寸的位置要安排在视图的明显处,标注清楚,布局整齐。

3.2.1　基本体的尺寸标注》》》

任何基本体都有长度、宽度、高度三个方向的尺寸,随形体的不同,标注的尺寸数目也不同,但一定要标注完整,不能少,也不能重复。

图 3-21 为常见基本体的尺寸注法。标注平面立体的尺寸时,需要注出它的底面(包括上底面、下底面)和高度尺寸;对于正方形平面,可分别注边长,也可注成边长×边长的形式(如图中四棱台的顶面和底面尺寸注法)。正六边形只要有一个对边和对角的尺寸即可定形,另一尺寸加括号,以供参考。标注回转体的尺寸时,需注出它的底圆(包括上底圆、下底圆)的直径和高度尺寸,最好注在投影为非圆的视图上。直径尺寸数字前面要加注"Ø",而标注球体尺寸时,要在直径或半径代号前加注符号"S"。

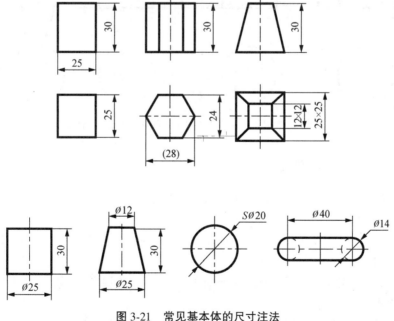

图 3-21　常见基本体的尺寸注法

3.2.2 立体相贯和被平面截切时的尺寸标注▶▶▶▶

图 3-22 是一些立体相贯和基本体被平面截切时的尺寸标注示例。因相贯线和截交线是由基本体的形状和它们的相对位置确定的，所以注出基本体的定形尺寸后，只需注出两基本体的相对位置和截平面位置的定位尺寸，相贯线和截交线也相应确定，不应另行标注尺寸。图中带方框的尺寸就是这种多余的尺寸。

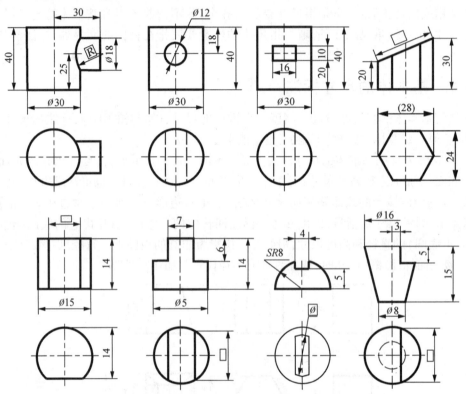

图 3-22　立体相贯和基本体被平面截切时的尺寸标注示例

3.2.3 尺寸标注要清晰▶▶▶▶

用形体分析的方法，可将组合体的尺寸标注完整。如何使尺寸标注清晰，参考如下几点：

（1）尺寸尽量标注在视图的外部，并配置在两视图之间，但也要避免尺寸线拉引过长，造成图形混乱不清。

（2）定形尺寸应标注在显示该部分形体特征最明显的视图上，如半径只能标注在投影是圆弧的视图上。

（3）同轴回转体的尺寸，最好集中标注在非圆视图上，如图 3-23（d）中的 $\emptyset12$、$\emptyset25$ 及 $\emptyset26$、$\emptyset48$。

（4）同一基本体的定形与定位尺寸，应尽量集中标注，便于读图时查找，如图

3-23(d)中底板的定形尺寸,除高度尺寸外均标注在俯视图中。

(5)同方向的平行尺寸,应使小尺寸在内、大尺寸在外,避免尺寸线与尺寸界线相交。同方向的并列尺寸应布置在一条线上,如图 3-23(d)中尺寸 7、12 和 16 的标注。

(6)应尽量避免在虚线上标注尺寸。

以上各点并不是绝对的,有时不能兼顾,实际标注时应妥善安排。

3.2.4 组合体尺寸标注的步骤 》》》

欲标注图 3-23(a)所示组合体的尺寸,首先要进行形体分析,分析每个基本体所需的定形尺寸、定位尺寸,确保尺寸数目的完整性;再考虑总体尺寸的标注;最后将所有尺寸清晰地布置在三视图上,具体步骤如下:

3.2.4.1 标注各基本体的定形尺寸

一般先标注大的、主要的形体,后标注小的、次要的形体,与组合体画图步骤一致。注意不要出现重复尺寸。

如图 3-23(b)所示,有的尺寸是不同形体共用的定形尺寸,只用注一次,不应重复。如壁板底部的长度和底板的长度均为 84。又如壁板和水平圆筒是相切关系,所以壁板的定形尺寸只需标注一个厚度 12 即可。底板上的两孔是通孔,底板的高度就是通孔的高度。小圆筒的高度尺寸取决于它和水平圆筒的相对位置,所以不注。底板上两孔大小相同用"2×∅12"形式标注一次,而底板上两圆角尺寸虽相同,但不能用"2×R12"的形式标注,只能用"R12"的形式标注一次。

3.2.4.2 标注各基本体的定位尺寸

如图 3-23(c)所示,为确定各基本体的相对位置,标注定位尺寸时,首先要确定尺寸基准。在长度、宽度、高度三个方向上分别确定主要的尺寸基准。一般常用轴线、中心线、对称平面、大的底面和端面作为主要尺寸基准。图中物体其高度方向的主要尺寸基准是底板的底面;长度方向的主要尺寸基准是对称平面;宽度方向的主要尺寸基准是水平圆筒的后端面。

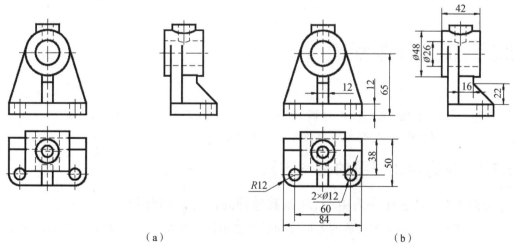

(a)　　　　　　　　　　　　　　　　(b)

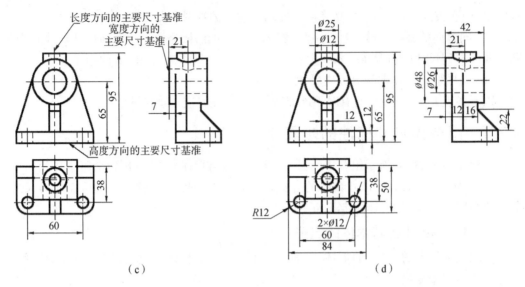

（c）　　　　　　　　　　　　　　　（d）

图 3-23　组合体尺寸标注示例

3.2.4.3　标注总体尺寸

一般应标注出物体外形的总长、总宽和总高，但不应与其他尺寸重复，所以常需对上述尺寸进行调整。在图 3-23 中，总长尺寸 84 及总高尺寸 95 均已注出。总宽尺寸为 57，但是这个尺寸不注为宜。因为如果注出总宽尺寸 57，则尺寸 7 或 50 就是不应标注的重复尺寸。显然标注尺寸 50 和 7，能明显表示底板的宽度以及支撑板的定位。如果标注了50 和 7，还想标注总宽尺寸，则可以（57）的形式作为参考尺寸注出。

当尺寸界线之一是由回转面引出时，不直接标注总体尺寸。

图 3-24 是数个简单物体的尺寸标注示例。图 3-24（b）所示物体，因其底板上四个圆角的圆心不一定与四个圆孔同心，所以需要注出其总长、总宽尺寸。图 3-24（c）、（d）所示物体不需注出总长尺寸，否则就会有多余尺寸，从图中可见，为标注物体的总高，上部凸出的空心圆柱高度尺寸不能直接注出。

3.3　读组合体视图

画图是将物体按正投影方法表达在平面的图纸上，读（看）图则是根据已经画出的视图，通过形体分析和线面的投影分析，想象出物体的空间形状。画图与读图是相辅相成的，读图是画图的逆过程，必须掌握读图的基本方法。

3.3.1　读组合体视图的基本方法 ▶▶▶▶

3.3.1.1　以主视图为中心，联系其他视图进行形体分析

一个视图不能确定组合体的各形体的形状和相邻表面间的相互位置，所以看图时必

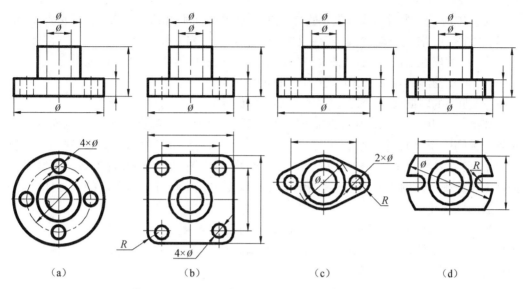

（a）　　　　　（b）　　　　　（c）　　　　　（d）

图 3-24　简单物体的尺寸标注示例

须将几个视图联系起来看。如图 3-25 所示,虽然五个主视图是相同的,但联系俯视图可知它们是五种不同的形体。

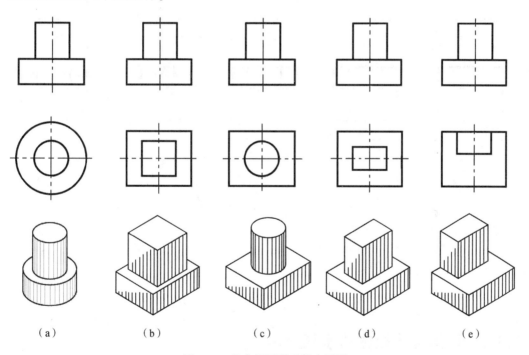

（a）　　　　　（b）　　　　　（c）　　　　　（d）　　　　　（e）

图 3-25　几个视图联系起来看图

3.3.1.2　进行线面分析,搞清视图中线框和线的含义

必须以主视图为中心,找出视图间的线框和线的关系,在形体分析的基础上进行线面分析。

视图中的每一个封闭线框都是物体上不与该投影面垂直的一个面（平面或曲面）的投影。视图中的任一条轮廓线（实线或虚线），必属于下列三种情况之一：

（1）有积聚性的面（平面或曲面）的投影，如图 3-26 中所指"积聚性的面"。

（2）两面交线的投影，如图 3-26 中所指的"交线"。

（3）曲面的转向线，如图 3-27 中所指的"曲面转向线"。

如图 3-26 俯视图后部中间的封闭线框，联系主视图可确定该线框所表示的面的形状位置。视图中相邻的线框则表示表面必有上下、左右、前后的相对位置关系；视图中大框套着小框，则表示中间的小框不是凸出，就是凹陷，或是穿通，这些位置关系必须联系别的视图才能确定。图 3-27 中，俯视图中间线框联系主视图可确定为凸起的圆柱体、凹陷或穿通的圆柱孔。

当平面图形倾斜于投影面时，在该投影面的投影必为类似形。利用这一特性，便可想象出该平面的空间形状。如图 3-28 中各物体的 P 面，除在所垂直的投影面上的投影积聚成直线外，在另两个投影面上的投影均为类似形。

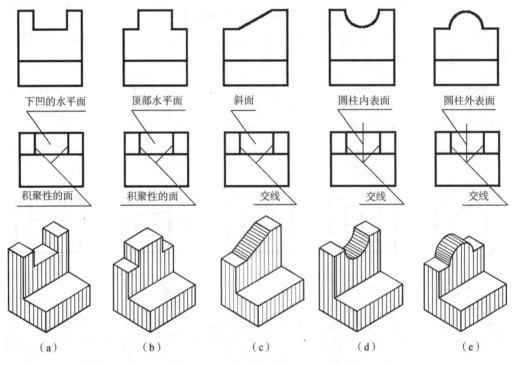

图 3-26　视图中线框和线的含义（一）

3.3.2　读组合体视图的步骤 ▶▶▶▶

（1）按照投影分部分。从主视图入手，根据封闭线框将组合体分解成几部分。

（2）想象出各部分形体的形状。用形体分析和线面分析的方法，根据各部分形体在三个视图的投影，想象出各部分形体的空间形状。一般先解决大的主要形体，或是明显的形体。

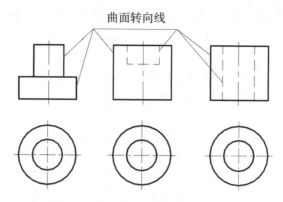

图 3-27 视图中线框和线的含义(二)

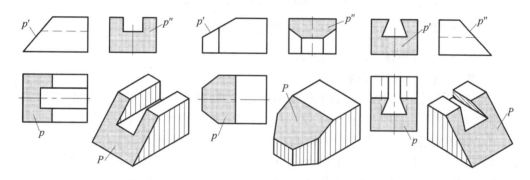

图 3-28 倾斜于投影面的物体表面投影成类似形

(3)综合起来想整体。根据视图中各部分形体的相对位置关系和表面间的关系,综合起来想象出组合体的整体形状。

3.3.3 读组合体视图举例 ≫≫≫

在一般情况下,对于结构清晰的组合体,常用形体分析法读图,但对有些比较复杂的形体尤其是切割或穿孔后形成的形体,往往在形体分析的基础上还需运用线面分析法来帮助想象和看懂局部的形状,两者结合,相辅相成。

例 3-3 根据已知组合体的主视图、俯视图(如图 3-29 所示),想象出其空间的形状,并补画左视图。

(1)对照投影分部分:从主视图入手,借助绘图工具,对照投影关系概括了解视图间的线条和线框之间的关系,将主视图划分为 1′、2′、3′、4′四部分。

(2)想象出各部分形体的形状:根据投影关系先分别找出和 1′、2′、3′、4′相对应的俯视图中的 1、2、3、4 部分,而后想象出各部分的形状,如图 3-30 所示。

型体Ⅰ是直立的半个圆筒;型体Ⅱ上部为半圆柱体,下部为与其相切的长方体,形成凸出的 U 形块,中间有圆柱通孔;型体Ⅲ在主视图中的投影是除了下部 4′线框以外的整个大线框,所以该部分是一长方形壁板,上部左、右两侧切成圆角,并挖有圆柱孔,对照俯视图可知壁板中间开有通槽,所以壁板被分成左、右两部分;型体Ⅳ是长方形底板,带有两个圆柱,底部中间开有前、后通槽,又在前部左、右两角各切去一长方体。

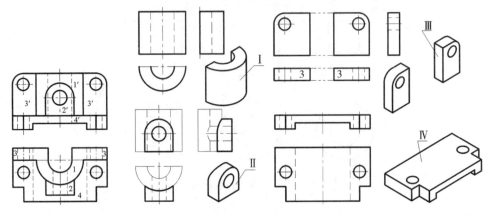

图 3-29　组合体的两个视图　　　　　图 3-30　组合体的形体分析

（3）综合起来想整体：该组合体左右对称。

Ⅰ、Ⅱ、Ⅲ、Ⅳ四部分的关系如下：

①主视图中除了三个圆外,其他线框都是相邻的,对照俯视图可以看出相邻线框各面的前后位置,即自前向后依次为 4′、2′、1′、3′。各线框中的圆都是通孔。

②俯视图中有三个相邻的实线框和两个表示通孔的圆。由于直立半圆筒Ⅰ和壁板Ⅲ这两部分高度相同,所以在俯视图中 1、3 连成一个线框,表示同一表面。这三个相邻线框所反映的高度,对照主视图可以看出,直立半圆筒Ⅰ和壁板Ⅲ最高,中部凸出的形体Ⅱ次之,底板Ⅰ最低。

③Ⅱ的上部和Ⅰ是轴线正交的两个半圆柱相贯,Ⅱ的下部是长方体和Ⅰ的半圆柱面相交。Ⅱ中间的圆孔和Ⅰ的内部半圆柱面相贯,Ⅲ和Ⅳ的后面及左面是平齐的。

综上所述分析,得到如图 3-31 所示的形体。

（4）补画左视图：根据所想象出的形体,按三视图的投影关系和画组合体视图的步骤,注意形体各部分的相对位置关系和表面间的关系,逐个画出各部分的左视图,最后将三视图联系起来分析检查,如图 3-32 所示。

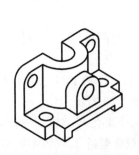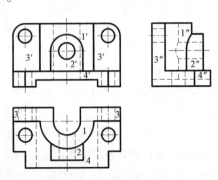

图 3-31　组合体的实体图　　　　　图 3-32　组合体的三视图

例 3-4　已知物体的主视图、俯视图,绘制左视图,如图 3-33 所示。

(1)对照投影分部分:从主、俯视图对照投影,概括了解后可知,该物体的基本形体是一长方体,中间有一阶梯形的圆柱孔。长方体被数个不同位置平面截切。因此,要确切想象出物体的形状,必须进行线面分析,弄清截切情况。为此要分析主视图中 r'、s'、p' 线框和 t'、q' 线。

(2)想象出各线面的形状和位置:r'、s'、p' 在俯视图中没有对应的类似形,所以它们必积聚成直线。从 p' 线框对照俯视图 p 为一斜直线,从而可初步分析成 P 面为一铅垂面。再看主视图中 r'、s' 相邻两线框,对照俯视图可看出 R、S 为两个正平面,R 面在前,S 面在后,r'、s' 反映 R 面、S 面的实形。然后看主视图中 t'、q' 两线段,对照俯视图可看出,它们分别是正垂面 T 和侧平面 Q 的投影。

(3)综合起来想象其整体形状,如图 3-33 中轴测图所示。

(4)绘制左视图。先画长方体,再对照主视图、俯视图,依次绘出各个切面 T、P 及切角 S,完成左视图,最后利用类似形,检查正确性。

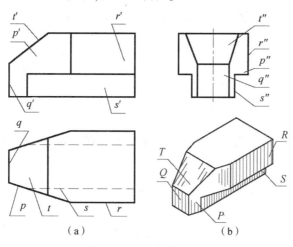

图 3-33　组合体的三视图

3.4　美育延伸——复杂问题解决方法

本章主要介绍了形体分析、联系视图、线面分析等绘制和阅读复杂零件的基本方法,是工程制图课程的重要内容,将为后续学习零件图、装配图打下基础。

非常有趣的是,本章提出的处理复杂零件的方法并非只对制图学习有效,其实可以扩展到处理各种复杂事物。因而,在本章的美育延伸部分将介绍一种实用、有效的方法——分析与综合。

辩证思维的四种基本方法为:归纳与演绎、分析与综合、抽象与具体、逻辑与历史。

按照辩证法的观点,分析是在思维过程中把认识的对象分解为不同的组成部分、方面、特性等,对它们分别加以研究,认识事物的各个方面,从中找出基础的部分、本质的方面。综合是把分解出来的不同部分、方面按其客观的次序、结构组成一个整体，从而达到对事物整体的认识。

分析与综合的统一是矛盾分析法在思维领域中的具体运用，掌握科学的辩证思维方法，对我们正确认识和解决复杂事物大有裨益。

假如我们没有学过绘画，需要绘制一个人物，可以采用类似组合体的方法，过程如图3-34所示。

第一步：分析，人体由头部、颈部、躯干、四肢组成；

第二步：绘制基准线，按比例绘出定位线；

第三步：勾出大致轮廓；

第四步：绘制各部分轮廓；

第五步：绘制各部分细节；

第六步：综合，处理分界线，完成整图绘制。

在此需要注意的是：每一部分也许同样需要进行分析与综合。例如，头部由眼、耳、鼻、口、发等组成，而眼又可分成眉、眼眶、眼球等部分。再向下细分，绘制眼球也需要分部分完成。

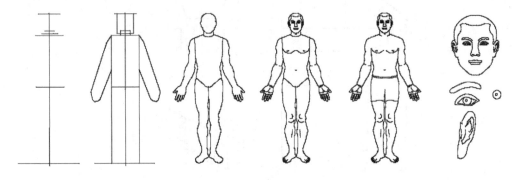

图 3-34　分析与综合方法应用

习题

1.何谓相贯线？其特征怎样？如何求解？

2.正交两圆柱的相贯情况都有哪些？其简化画法如何？

3.画组合体三视图应注意的问题有哪些？

4.如何确保组合体尺寸标注正确、完整和清晰？

5.如何选择定位基准？什么情况下不标注整体尺寸？

6.如何理解形体分析法及线面分析法？

第 4 章　轴测图

轴测图是能够同时反映物体长度、宽度、高度三个方向形状的单面投影图,如图 4-1 所示。这种图虽然度量性差、作图困难,但立体感强、容易读懂,因此,在工程中,轴测图一般用作辅助图样,用以表达物体和零件的立体效果。

图 4-1　机件的轴测图

4.1　轴测图的基本知识

4.1.1　轴测图的形成和投影特性 ▶▶▶

4.1.1.1　轴测图的形成

轴测图是将物体连同其参考直角坐标系,用平行投影的方法,沿着不平行于任一坐标面的方向投射到某单一平面上所得到的图形。可用另立投影面或改变投影方向两种方法得到轴测图。

(1)另立投影面

用一个与物体及其参考直角坐标系(OX、OY、OZ 轴)都呈倾斜位置的投影面 P 作为轴测投影面,且令投影方向 S_1 垂直于轴测投影面 P,这样得到的轴测投影图称为正轴测投影图,如图 4-2 所示。

(2)改变投影方向

物体仍处于获得正投影视图的位置,而改用与 V 面倾斜的投影方向 S_2 进行投影,这

样在 V 面上得到的轴测投影图称为斜轴测投影图,如图 4-2 所示。

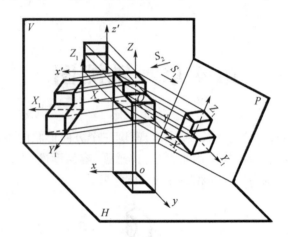

图 4-2　轴测图的形成

4.1.1.2　轴测图的投影特性

轴测图是由平行投影法得到的,因此它具有下列投影特性:

(1)物体上相互平行的线段,在轴测图上仍相互平行;

(2)物体上两平行线段或同一直线上的两线段长度之比值,在轴测图上保持不变;

(3)物体上平行于轴测投影面的直线和平面,在轴测图上反映实长和实形。

4.1.2　轴测图的轴测轴、轴间角和轴向伸缩系数 ▶▶▶▶

4.1.2.1　轴测图的轴测轴

物体参考直角坐标系的坐标轴 OX、OY、OZ 在轴测投影图上的投影 O_1X_1、O_1Y_1、O_1Z_1,称为轴测轴。

4.1.2.2　轴测图的轴间角

相邻两轴测轴之间的夹角,称为轴间角。

4.1.2.3　轴测图的轴向伸缩系数

轴测轴的单位长度与相应直角坐标轴的单位长度的比值,称为轴向伸缩系数。OX、OY、OZ 三轴的轴向伸缩系数分别用 p、q、r 表示,即:

$p=O_1X_1/OX$、$q=O_1Y_1/OY$、$r=O_1Z_1/OZ$。

根据轴向伸缩系数 p、q、r 的不同情况,轴测图可分为:

等测轴测图,即 $p=q=r$;

二测轴测图,即 $p=r\neq q$;

三测轴测图,即 $p\neq q\neq r$。

根据投影方向与投影平面的关系,轴测图可以分为正轴测图和斜轴测图两种。当投影方向垂直于投影平面时,所得到的轴测图为正轴测图;当投影方向倾斜于投影平面时,所得到的轴测图为斜轴测图。

本章只介绍常用的正等测轴测图和斜二测轴测图。

绘制轴测图时,应根据轴测图的种类,选取特定的轴间角和轴向伸缩系数,然后根据物体坐标系的位置,沿平行于相应轴的方向测量物体上各边的尺寸或确定点的位置。"轴测"意即沿轴测量。图 4-3 所示为同一物体的正等测轴测图和斜二测轴测图。

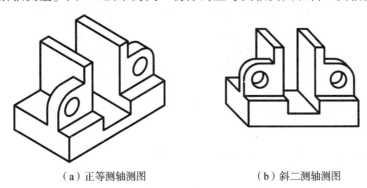

（a）正等测轴测图　　　　　　　　（b）斜二测轴测图

图 4-3　物体的轴测图

4.1.3　美学延伸》》》》

轴测图作为工程辅助用图,是设计表现图的一种,是设计师在创造过程中,将抽象思维转变为外化的具象图形的一种表现形式。在绘制过程中,一方面,设计师通过手中的笔,来表现和传达自己的设计思想和审美理想;另一方面,他人可通过图形来解读设计师的设计意图,并从中获得美感。

轴测图的绘制除了准确性、真实性、说明性的要求外,还有艺术性的要求。在准确性和真实性的基础之上,点、线、面构成规律的运用,最佳表现角度的选择及视觉图形的感受等方法与技巧必然增强图的艺术感染力,实现审美的需求。

4.2　正等测轴测图

4.2.1　正等测轴测图的形成及其轴间角和轴向伸缩系数》》》》

当物体参考直角坐标系的三个坐标轴与轴测投影面的倾角相等时,根据正投影法所得到的图形称为正等测轴测图,简称正等测图,如图 4-4 所示。

正等测轴测图中的三个轴间角都等于 $120°$,其中 O_1Z_1 轴规定画为铅垂方向,如图 4-5 所示。轴向伸缩系数 $p=q=r \approx 0.82$。但为了作图方便,通常将轴向伸缩系数简化为 1。这样画出的正等测轴测图,各轴向的尺寸都放大了约 1.22 倍($1/0.82 \approx 1.22$),但是形状不变。

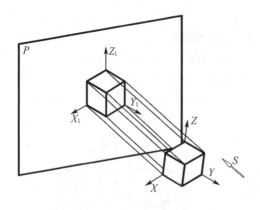

图 4-4　正等测轴测图的形成

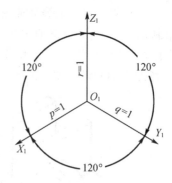

图 4-5　正等测轴测图的轴间角

4.2.2　平面立体的正等测轴测图画法 ⟫⟫⟫⟫

绘制平面立体轴测图的常用方法有坐标法和方箱切割法。

4.2.2.1　坐标法

根据立体表面上各顶点的坐标，分别画出它们的轴测投影，然后依次连接成立体表面轮廓线。坐标法是绘制轴测图的基本方法。

例4-1

例 4-1　正六棱柱的正等测图，如图 4-6 所示。

解　由于轴测图中不可见轮廓没必要画出，宜从顶面开始作图。作图过程如下：

（1）建立物体参考坐标系。将坐标原点选定在正六棱柱顶面的中心，如图 4-6(a)所示。

（2）定位顶面各点。画出轴测轴 O_1X_1、O_1Y_1、O_1Z_1。A、D 两点在 O_1X_1 轴上，长度可从图 4-6(a)俯视图直接量取；再根据尺寸 s，在 O_1Y_1 轴 O_1 点两侧各截取 $s/2$，并作 O_1X_1 轴的平行线 BC、EF，令其长度等于 l 并关于 O_1Y_1 轴对称，如图 4-6(b)所示。

（3）连接 A、B、C、D、E、F 即为顶面正六边形的正等测图。然后从顶面各顶点向下作 O_1Z_1 的平行线，高度为 H，如图 4-6(c)所示。

（4）画出底面。擦除不可见部分，加深图线，即完成作图，如图 4-6(d)所示。

4.2.2.2　方箱切割法

方箱切割法适用于带切口的平面立体。先用坐标法画出完整的平面立体轴测图，再利用切割的方法逐步画出各切口部分。

例4-2

例 4-2　立体的正等测图，如图 4-7 所示。

解　由图 4-7(b)可知，该物体是由平面四棱柱切割而成的。切割后形成的一个正垂面 $P(p'、p)$ 和一个槽。作图过程如下：

（1）如图 4-7(b)所示，首先按原始物体的长度、宽度、高度画出四棱柱的正等测图，再定出切割平面 P 的位置（用粗实线表示）。图中双点画线表示被切去的部分。

（2）根据主视图、俯视图，沿轴测轴方向量取相应的长度，确定开槽的三个切割平面

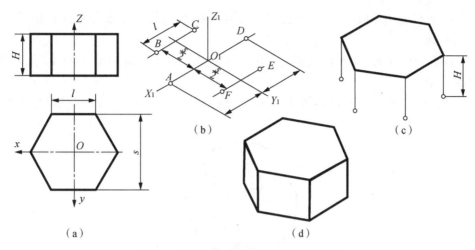

图 4-6　坐标法绘制正六棱柱的正等测图

间以及各平面和立体表面间的交线,如图 4-7(c)所示。在绘图时注意,物体上相互平行的线段在轴测图上仍相互平行。

(3)擦去作图线,加深图线,即完成作图,如图 4-7(d)所示。

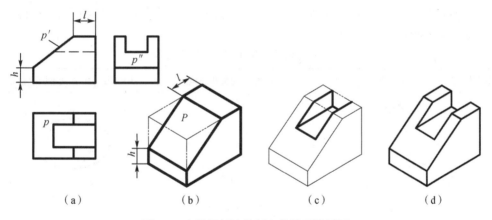

图 4-7　方箱切割法绘制立体的正等测图

坐标法和方箱切割法不仅适用于平面立体,也适用于曲面立体;不仅适用于正等测图,也适用于其他轴测图。

4.2.3　曲面立体的正等测轴测图画法 ▶▶▶▶

4.2.3.1　平行于坐标面的圆的正等测图

由正等测图的投影原理可知,平行于各坐标面的圆的正等测投影是椭圆,如图 4-8 所示,但是各个椭圆的形状和大小相同,方向不同。

平行于 XOY 坐标面(H 面)的圆,在正等测图中,椭圆的长轴垂直于 O_1Z_1 轴,短轴平行于 O_1Z_1 轴。

平行于 XOZ 坐标面（V 面）的圆，在正等测图中，椭圆的长轴垂直于 O_1Y_1 轴，短轴平行于 O_1Y_1 轴。

平行于 YOZ 坐标面（W 面）的圆，在正等测图中，椭圆的长轴垂直于 O_1X_1 轴，短轴平行于 O_1X_1 轴。

此外，按照简化后的轴测系数计算，椭圆长轴为 $1.22d$，短轴为 $0.7d$，d 为圆的直径。

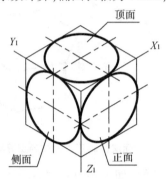

图 4-8　立方体表面上的圆的正等测图

在正等测图中，这些椭圆一般用四段圆弧来近似代替。可以先画出相应的外切菱形，再确定四段圆弧的圆心。因此，这个方法称为外切菱形法或菱形四心法。具体作图方法如表 4-1 所示。

表 4-1　外切菱形法作圆的具体作图方法

步骤	1.定菱形框	2.定四段圆弧的圆心	3.画四段圆弧近似成椭圆
作图			
说明	根据该圆所平行的坐标面 XOY，画出互相垂直两直径的轴测图，再由两直径的端点分别作平行线，构成菱形框	菱形上短对角线的两个顶点 F、H 即为大圆弧的圆心，连接 AF、BH 和 CH、DF（或作对角线 EG），其两两相交的交点 M、N 即为小圆弧的圆心	分别以 F、H 为圆心，R_1 为半径画大圆弧；以 M、N 为圆心，R_2 为半径画小圆弧，即得近似椭圆

平行于三个坐标面的圆的轴测投影图如图 4-9 所示。

4.2.3.2　常见曲面基本体的正等测图

（1）圆柱体的正等测图

如图 4-10（a）所示，设有一轴线为铅垂线的圆柱体，外径为 d，高为 h。由图可知顶圆和底圆平行于 XOY 坐标面。具体作图步骤如下：

①建立坐标系。确定顶圆圆心为坐标原点，并画出正等轴测轴。

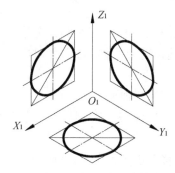

图 4-9 平行于坐标面的圆的轴测投影图

②完成顶面和底面的椭圆。按照菱形四心法完成顶面椭圆。从 O_1Z_1 轴向下量取 h，确定底圆圆心 O_2，依样画出底面的椭圆(根据情况，只画出部分线条)，如图 4-10(b)所示。

③完成正轴测图。沿 Z_1 轴方向作两椭圆的公切线，如图 4-10(c)所示。擦去底面的椭圆的不可见部分，清理图面，加深轮廓线，如图 4-10(d)所示。

轴线平行于不同坐标轴的圆柱体的正等测图如图 4-11 所示。

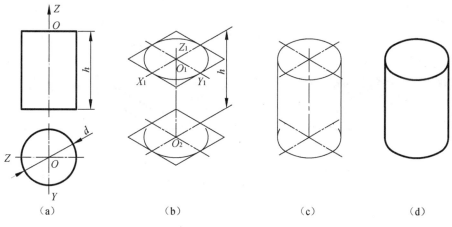

（a） （b） （c） （d）

图 4-10 圆柱体的正等测图

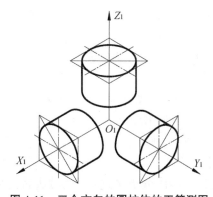

图 4-11 三个方向的圆柱体的正等测图

（2）圆角的正等测图

图 4-12（a）是一平板的两视图，平板的四个圆角分别相当于四分之一整圆。通过图 4-12（b）可知椭圆外切菱形的钝角对应大圆弧，锐角对应小圆弧。圆角的具体作图步骤如下：

①根据视图完成长方体的正等测轴测。

②由顶点开始，在各边上量取半径 R，得到切点。过切点作各边垂线，垂线交点即是圆弧圆心，如图 4-12（c）所示。

③将顶面各圆心向下垂直移动板厚距离，得到底面圆角圆心。

④用相同半径 R 画出圆弧，并作上圆弧、下圆弧的外公切线，如图 4-12（d）所示。

⑤去掉多余线，整理加深。得到底板正等测图，如图 4-12（e）所示。

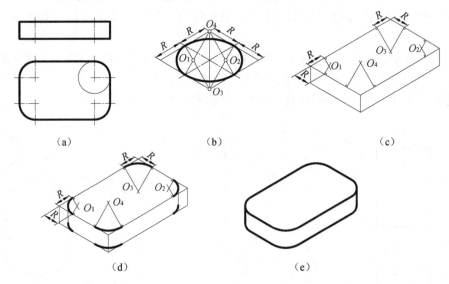

图 4-12　圆角的正等测图

（3）圆锥台的正等测图

图 4-13（a）是圆锥台的两视图。其左、右端面为侧平面，平行于 ZOY 坐标面（W 面），轴线为水平线，平行于 OX 轴。圆锥台的正等测图的具体作图过程如图 4-13（b）、（c）、（d）所示。

①先画轴测轴 O_1X_1，在其上取圆锥台两端面的圆心 O_1、O_2，间距为圆锥台的长度，如图 4-13（b）所示。

②过 O_1、O_2 分别作两端面的椭圆，如图 4-13（c）所示。

③再作两椭圆的公切线，形成外形轮廓。

④最后整理加深，如图 4-13（d）所示。

（4）组合体的正等测图

画组合体的正等测图，先用形体分析法进行分解，然后按分解的形体依次画各部分的正等测图。

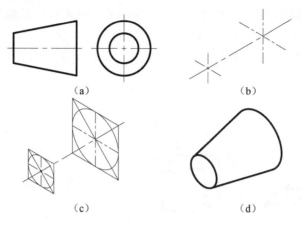

图 4-13　圆锥台的正等测图

例 4-3　组合体的正等测图,如图 4-14 所示。

解　图 4-14(a)为一组合体的两视图。该组合体由两部分组合而成。上部为立板,基本形体为半圆柱、长方体和圆柱孔,圆柱孔及半圆柱上的圆均平行于 XOZ 坐标面。下部为底板,其上有两个圆角和一个方形槽。具体画法如下:

①在视图中建立坐标系。绘制对应轴测轴,并按照 $p=q=r=1$ 的轴向伸缩系数绘制底板和上部立板,如图 4-14(b)所示。

②标定各个圆和圆角的圆心位置,并按照菱形四心法绘制椭圆和椭圆弧,如图 4-14(c)所示。

③清理图面,加深图线,即完成作图,如图 4-14(d)所示。

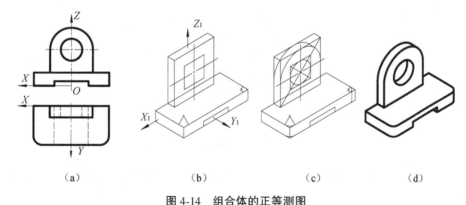

图 4-14　组合体的正等测图

4.3　斜二测轴测图

4.3.1　斜二测轴测图的形成及轴间角和轴向伸缩系数 ▶▶▶▶

斜二测轴测图的形成原理如图 4-15(a)所示。用与 XOZ 坐标面平行的平面作轴测投影面,向投影面倾斜的方向 S 进行投影,当得到的轴测投影图的轴间角 $\angle X_1 O_1 Z_1 =$ $90°$、$\angle X_1 O_1 Y_1 = \angle Y_1 O_1 Z = 135°$,$O_1 X_1$、$O_1 Z_1$ 的轴向伸缩系数 $p = r = 1$,$O_1 Y_1$ 的轴向伸缩系数 $q = 0.5$ 时,称为斜二测轴测图,简称斜二测图。图 4-15(b)给出了斜二测图的轴间角和轴向伸缩系数。

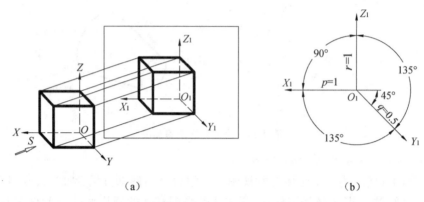

（a）　　　　　　　　　　　（b）

图 4-15　斜二测轴测图的形成及轴间角和轴向伸缩系数

为了便于作图,一般取 $O_1 Z_1$ 轴为垂直位置。

物体表面上与坐标面 XOZ 平行的图形的投影均反映它们的实形。因而,与坐标面 XOZ 平行的圆投影仍然是圆,且大小不变;平行于坐标面 ZOY 和 XOY 的圆投影为椭圆,如图 4-16 所示。

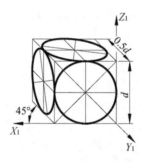

图 4-16　平行于坐标平面的圆的斜二测图

平行于坐标面 ZOY 和 XOY 的圆的投影(椭圆)画法采用平行弦线法,作图步骤如图 4-17 所示。

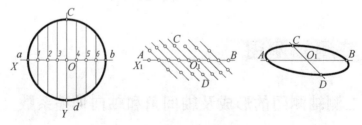

图 4-17　斜二测图侧面椭圆的画法

4.3.2 斜二测图的画法 ⟫⟫⟫

由于斜二测图能反映物体一个方向上的表面真实图形,所以,当物体在一个方向上形状复杂或者有较多的圆或圆弧时,特别适合画斜二测图。

例 4-4 连杆的斜二测图,如图 4-18 所示。

解 从图 4-18(a)中可以看出,物体的圆或圆弧都在一个方向上,所以把这个面作为正面,平行于坐标面 XOZ 放置。具体画法如下:

(1)先画出轴测轴。接着按照斜二测图的轴向伸缩系数,画出立方体,如图 4-18(b)所示。

(2)按照截切方式,画出连杆尾部和左边切口,如图 4-18(c)所示。

(3)将平行于 XOZ 平面的一系列的圆或圆弧逐一定位、绘图,画出相应的公切线(Y_1 轴方向),如图 4-18(d)所示。

(4)清理图面,加深图线,即完成作图,如图 4-18(e)所示。

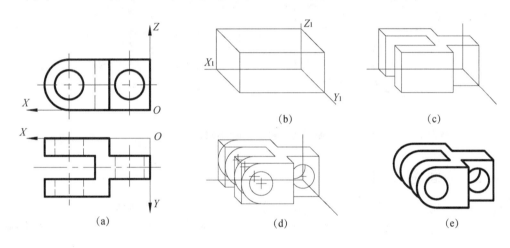

图 4-18 连杆斜二测图的画法

4.3.3 美学延伸 ⟫⟫⟫

轴测图的立体感随着机件的投影面和投影方向的不同而有较大的差别,在作图方法上亦有繁简之分,因此在选择机件轴测图的种类时应从下述两个方面去考虑:

(1)立体感强,图形清晰,表达明确

图形清晰、表达明确是指在轴测图上要清楚地反映机件的形状,避免机件上的面和棱线有积聚或重叠现象,使空间相交或平行关系表达得不够清晰;或者局部结构由于消隐而无法完全体现。

(2)作图简捷方便

由正等测图和斜二测图的画法可知,在画椭圆时,正等测图的三个方向的椭圆画法相同;斜二测图中两个方向的椭圆画法虽相同,但作图麻烦且需偏一角度。所以当机件多个方向上存在曲线时,宜采用正等测图;当机件只在一个方向上的表面形状复杂、曲线较多时,宜采用斜二测图,且将该表面安置在与轴测投影面平行的位置。

4.4 轴测剖视图

在轴测图上,为了显示物体的内部结构,可以用假想的剖切平面将物体剖开,并在剖切平面与物体相接触的面上,画上剖面符号。这种剖切后的轴测图称为轴测剖视图。

4.4.1 剖切平面的选择 ►►►►

剖切平面一般平行于坐标面并通过物体的主要轴线或者对称平面。一般不采用切去一半的形式,这样会破坏物体外形的完整性。图 4-19 对轴测图的几种剖切位置进行了比较,(d)图采用相互垂直的两个平面剖切,效果较好。

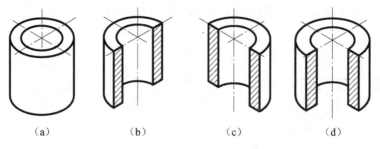

（a） （b） （c） （d）

图 4-19 剖切位置的比较

4.4.2 剖面符号的画法 ►►►►

在轴测剖视图中用剖面符号填充剖切得到的实体,以区别未剖到的区域。金属的剖面符号为等距且相互平行的细实线,并且随着所在的平面的不同而改变方向,如图 4-20 所示。

当剖切平面通过肋板的纵向对称面时,肋板的剖面上不画剖面线,而是用粗实线将它与相邻物体分开。

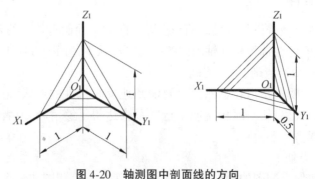

图 4-20 轴测图中剖面线的方向

4.4.3 轴测图的剖切画法 >>>>

轴测图的剖切画法一般有两种：

一种是先画出完整的轴测图，再按照选定的剖切位置作出剖切平面与物体表面的交线，去掉不需要部分的图形，画出由于剖切而显露的内部结构，并在剖切的实体部分画上剖面符号，具体示例如图 4-21 所示。

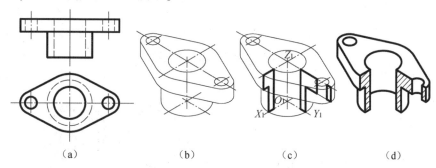

（a） （b） （c） （d）

图 4-21 轴测图的剖切画法

另一种画法是首先沿轴向直接画出物体剖面的轴测图，再以此为基础，逐步加画未被切去的外部形状和已显露的内部结构。

4.5 徒手绘制轴测图草图

徒手绘制轴测图时，其作图原理和过程与尺规绘制轴测图是一样的。训练初期一般先将立体的三视图绘在方格纸上，并在确定相应轴测轴方位的格纸上绘制轴测图。经过反复训练，逐渐达到能够在空白图纸上比较准确地徒手绘制轴测图。

例 4-5 徒手绘制正等测图，如图 4-22 所示。

解 由图 4-22（a）可知，该立体可看作由一个长方体经过切割后形成。因此，可以用方箱切割法绘制。具体绘制步骤如下：

（1）绘出长方体的正等测图，如图 4-22（b）所示。

（2）切去立体前部的小长方体，形成 L 型体，如图 4-22（c）所示。

（3）切去 L 型体后面立板中间的方形槽和侧面两角，整理完成全图，如图 4-22（d）所示。

例 4-6 徒手绘制斜二测图，如图 4-23 所示。

解 具体绘制步骤如下：

（1）将平行于 XOZ 坐标面的一系列圆心沿着 Y_1 方向按前后层次逐一定位，并画出物体上正面较大的图形的轴测图，如图 4-23（b）所示。

（2）按照层次画出各部分主要形状，如图 4-23（c）所示。

（3）最后画出各圆弧的公切线（Y_1 方向），清理图面，加深图线，完成作图，如图 4-23（d）所示。

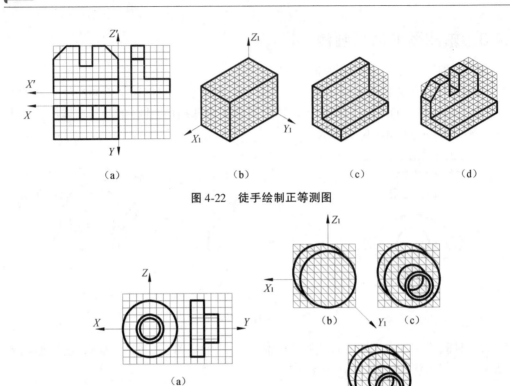

图 4-22　徒手绘制正等测图

图 4-23　徒手绘制斜二测图

习题

1.斜二测轴测图中的轴间角和轴向伸缩系数分别是多少？

2.正等测轴测图中如何近似画椭圆？

3.如何使用坐标法和方箱切割法绘制轴测图？

4.如何选择剖切平面进行轴测图的剖切画法？

第 5 章　机件的表达方法

为满足各种不同结构形状的机件表达的需要,国家标准《技术制图》《机械制图》中规定了机件的多种表达方法,如视图(包括基本视图、向视图、局部视图、斜视图),剖视图,断面图,局部放大画法和简化画法等其他表达方法。熟悉并掌握这些基本表达方法,可根据机件不同的结构特点,从中选择适当的方法,以便完整、清晰、简捷地表达机件的内外形状。

5.1　视图

5.1

《技术制图　图样画法　视图》(GB/T 17451—1998)中规定了视图有基本视图、向视图、局部视图和斜视图四种,主要用于表达机件的外形。

5.1.1　基本视图 》》》》

在原来三个投影面的基础上,再增加三个与它们对应平行的投影面,相当于正六面体的六个表面,规定为基本投影面。将机件放在其中,分别向六个基本投影面投影,得到六个基本视图。

六个基本视图的名称和投射方向如下:

主视图——将机件由前向后投射得到的视图;

俯视图——将机件由上向下投射得到的视图;

左视图——将机件由左向右投射得到的视图;

右视图——将机件由右向左投射得到的视图;

仰视图——将机件由下向上投射得到的视图;

后视图——将机件由后向前投射得到的视图。

六个投影面的展开方法如图 5-1(a)所示,展开后的六个基本视图按图 5-1(b)所示的位置关系配置。按规定位置配置的视图,不需标注视图的名称。六个基本视图之间仍保持"长对正、高平齐、宽相等"的投影规律。

在实际绘图时,并不是所有机件都需要六个基本视图,而是根据机件的结构特点选用必要的基本视图。

美学延伸:在画图时,首先要进行布图,图面布局是决定画出的视图能否达到整体美感的关键环节,以三视图为例,布图要求如图 5-2 所示,要求图形均匀布满整个图纸,具体规定了视图与边线及视图之间的距离。

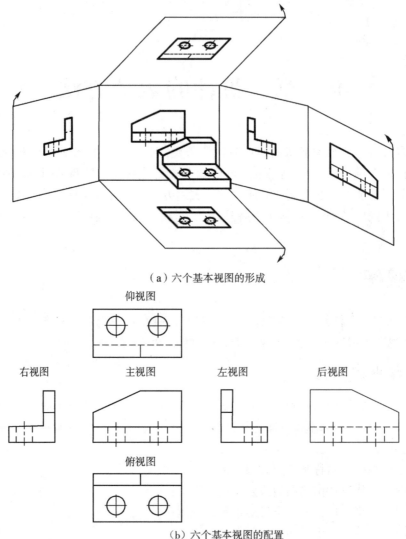

（a）六个基本视图的形成

仰视图

右视图　　　　主视图　　　　左视图　　　　后视图

俯视图

（b）六个基本视图的配置

图 5-1　基本视图

这样的布局方式满足了美学构图的四项基本原则。第一，画面均衡：均衡是获得良好构图的一个重要原则。无论在大自然、建筑中还是在绘画作品中，均衡的结构都能在视觉上产生形式美感。第二，黄金分割：如果将被摄主体安排于画面的中心，画面将给人静止的感觉，并且有时候会显得呆板，黄金分割点是最容易引起人的注意并且让画面有动感的点。第三，寻找线条：在构图中寻找对角线或者放射线，让画面更具动感。第四，追求简洁：将无关的元素摒弃在画面之外。

5.1.2　向视图 >>>>

向视图是可自由配置的视图。为了合理地利用图幅，某个基本视图不按规定的位置关系配置时，可自由配置，但应在该视图上方用大写的拉丁字母标注视图的名称（如"A"

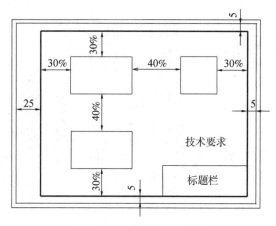

图 5-2　三视图布图要求

"B"），并在相应视图附近用箭头指明投影方向，并标注相同的字母，如图 5-3 所示。

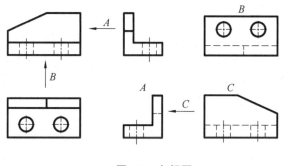

图 5-3　向视图

5.1.3　局部视图 ▶▶▶▶

将机件的某一部分向基本投影面投射所得到的视图称为局部视图。局部视图是某一基本视图的局部图形，如图 5-4 中 A 和 B 局部视图所示。

当采用一定数量的基本视图后，该机件上仍有部分结构形状尚未表达清楚，而又没有必要再画出完整的基本视图时，可采用局部视图。如图 5-4 所示的机件的表达方法，采用了主视图、俯视图及 A 向和 B 向局部视图，既简化了作图，又突出了重点，看图、画图都很方便。

局部视图的配置、标注和画法：

（1）局部视图可按基本视图配置的形式配置，如图 5-4 中局部视图 A 所示；也可按向视图的配置形式将局部视图配置在其他适当的位置，如图 5-4 局部视图 B 所示。

（2）局部视图一般需进行标注，局部视图上方应用大写字母标出视图名称，如"A"或"B"，并在相应视图附近用箭头指明所要表达的部位和投影方向，并注上相同的字母，如图 5-3 所示。当局部视图按投影关系配置，中间又无其他视图隔开时，允许省略标注，如图 5-3 中所示的 A 向局部视图，箭头和字母均可省略。

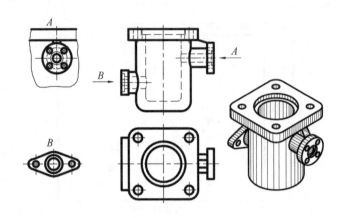

图 5-4　局部视图

（3）局部视图的断裂边界用波浪线或双折线绘制，如图 5-4 局部视图 *A* 所示。若所表示的局部结构完整，外形轮廓封闭，则不必画出其断裂边界线，如图 5-4 局部视图 *B* 所示。

美学延伸：当采用一定数量的基本视图后，机件上仍有表达不清的局部结构，而又没有必要再画出完整的基本视图时，可单独将该部分结构向基本投影面投影画出局部视图，在实际画图时，局部视图的个数、选取范围及放置位置灵活多变，用适当的局部视图表达机件可使图形既重点突出又清晰简便。

5.1.4　斜视图》》》》

当机件具有相对投影面的倾斜结构时，为了表达倾斜部分的实形，可设置一个与机件倾斜部分平行的投影面，将倾斜结构向该投影面投射并展平，所得到的视图称为斜视图，如图 5-5 所示。

斜视图的配置、标注及画法：

（1）斜视图一般按向视图的配置形式配置并标注，即在斜视图上方用大写拉丁字母标出视图名称，字母一律水平书写，在相应的视图附近用箭头指明投射方向，并标上同样的字母，如图 5-5（b）所示。

（2）必要时，允许将斜视图转正后放置，但必须加上旋转符号，旋转符号为半圆形，半径等于字体高度，线宽为字体高度的 1/10 或 1/14，字母应靠近旋转符号的箭头端，如图5-5（c）所示。

（3）绘制斜视图时，通常只表达机件倾斜部分的实形，其余部分可不必画出，而用波浪线或双折线将其断开，如图 5-5（b）所示。

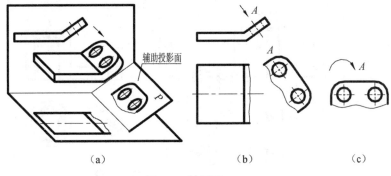

（a）　　　　　　　（b）　　　　　　（c）

图 5-5　斜视图

5.2　剖视图

5.2

如果机件的内部结构形状比较复杂,在视图中,就会出现较多的虚线,既不便于看图,也不便于标注尺寸,如图 5-6 所示。因此,国家标准规定可采用剖视图来表达机件的内部结构。

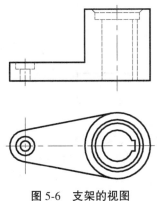

图 5-6　支架的视图

5.2.1　剖视图的基本概念》》》》

5.2.1.1　剖视图的概念

假想用剖切平面剖开物体,将处在观察者和剖切面之间的部分移去,将余下部分向投影面投射所得的图形,称为剖视图,简称剖视,如图 5-7 所示。

剖视仅是表达机件内部结构形状的一种方法,并非真正将机件剖开,所以将一个视图画成剖视后,不应影响其他视图的完整性。

5.2.1.2　剖面符号

为了清晰地反映机件剖切后的内部结构形状。剖切面与物体接触的部分(称剖面区域)要画上剖面符号。机件材料不同,剖面符号也不同,表 5-1 列出了常用材料的剖面

93

符号。

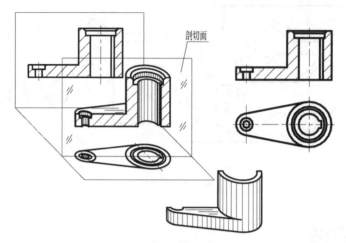

图 5-7 剖视图

表 5-1 常用材料的剖面符号

材料名称	剖面符号	材料名称	剖面符号
金属材料 （已有规定剖面符号者除外）		液体	
非金属材料 （已有规定剖面符号者除外）			

金属材料的剖面符号用与水平线倾斜 45°角且间隔均匀的细实线画出,向左或向右倾斜均可。但在表达同一机件的所有视图上,倾斜方向应相同,间隔大致均匀。

当不需在剖面区域表示材料的类别时,可采用通用剖面符号表示。通用剖面符号应用细实线画成与主要轮廓成 45°的平行线,如图 5-8 所示。

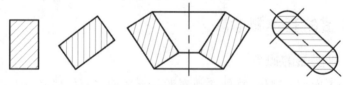

图 5-8 通用剖面线的画法

5.2.1.3 画剖视图时应注意的问题

(1)剖切平面一般应平行某一投影面,且应通过较多内部结构的机件的对称面或轴线。

(2)剖切是假想的,实际上并没有把机件剖切开。因此,当机件的某一个视图画成剖视以后,其他视图仍按完整的机件画出,如图 5-7 中的俯视图所示。

（3）在剖视图中，剖切面后面的可见轮廓线应全部画出，不能遗漏。如图 5-9 漏画了阶梯孔的台阶面投影线；不可见轮廓线一般情况下可省略，只有当机件的某些结构没有表达清楚时，为了不增加视图，才画出必要的虚线。

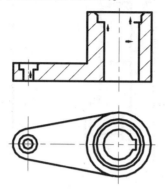

图 5-9　画剖视图时易漏画的线

5.2.1.4　剖视图的标注

（1）剖视图标注的要素

完整的剖视图标注的要素如图 5-10（a）所示，包括：

①剖切线：指示剖切面位置的线，以细点画线绘制，可以省略。

②剖切符号：指示剖切面起讫和转折位置及投射方向的符号，分别以粗短画和箭头表示。

③字母：大写拉丁字母或阿拉伯数字。

一般应标注剖视图或移出断面图的名称（如 A–A），在相应的视图上用剖切符号表示剖切位置和投射方向，并标注相同的字母（如 A）。

（2）剖视图标注的省略

在下列情况下剖视图的标注可以简化或省略：

①在机械制图中多省略剖切线，省略后的标注如图 5-10（b）所示。

②当剖视图按投影关系配置，且中间没有其他图形隔开时，可以省略箭头，如图 5-11 所示。

③当剖切平面与机件的对称平面重合，且剖视图按投影关系配置，中间又无其他图形隔开时，可省略全部标注，如图 5-7 所示。

5.2.1.5　美学延伸

（1）剖面符号的直观与真实性

真实、直观自然是机械制图的一个基本要求，在剖面符号的使用上，这一点体现得非常明显。如表 5-2 所示的玻璃、格网、木材及混凝土等材质的剖面符号直观自然，一望而知。

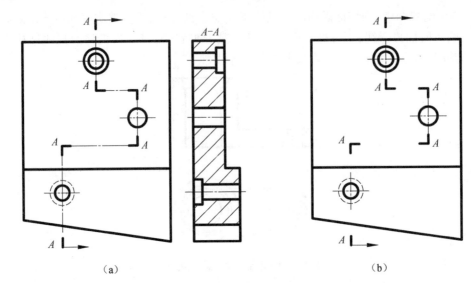

（a）　　　　　　　　　　　　（b）

图 5-10　剖视图的标注

表 5-2　部分材质的剖面符号

玻璃及供观察用的其他透明材料			格网 （筛网、过滤网等）	
木材	纵剖面		混凝土	
	横剖面		钢筋混凝土	

（2）剖视中的虚实对比

剖视的目的是清晰表达机件的内部结构。比较图 5-6 和图 5-7，不难发现，剖切后视图内部的虚线变成了实线，且在与剖切面接触的断面上增加了剖面符号，内部孔槽用空白表示，增加了孔槽与实体图素之间的对比性，加强了机件轮廓的立体层次感，避免了虚线过多造成的图形浑浊的现象，给人以清晰、鲜明、生动的感觉。

5.2.2　剖视图的分类》》》》

按机件被剖开的范围来分，剖视图分为全剖视图、半剖视图和局部剖视图三种。

5.2.2.1　全剖视图

用剖切面完全地剖开物体得到的剖视图称为全剖视图。

全剖视图用于表达外形简单、内部形状复杂的不对称机件，如图 5-7 所示。

5.2.2.2　半剖视图

当物体具有对称平面时，向垂直于对称平面的投影面上投射所得到的图形，可以对称中心线为界,一半画成剖视图,另一半画成视图,这种图形称为半剖视图,如图 5-11 所示。

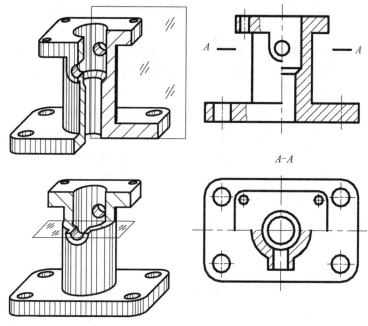

图 5-11 半剖视图

当机件的形状接近于对称,且不对称部分已另有图形表达清楚时,也可以画成半剖视图,如图 5-12 所示。

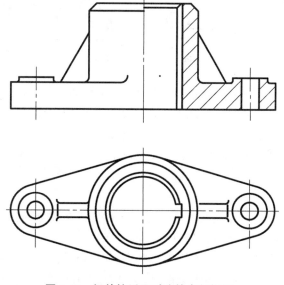

图 5-12 机件接近于对称的半剖视图

画半剖视图时应注意：

（1）半剖视图中视图与剖视图分界线是点画线，不应画成粗实线。

（2）图形对称，零件的内部形状已在剖视图中表达清楚，所以在表达外形的视图中，虚线可以省略不画。

（3）半剖视图的标注规则与全剖视图相同。图5-11中的俯视图，其剖切平面不通过机件的对称面，所以在主视图上必须标注出剖切平面的位置，并在剖切符号旁标注字母A，同时在俯视图上方标注A-A。

美学延伸：图5-11是前后、左右都呈对称结构的组合体，对称是指整体中各个部分的布局相互对应的表现形式，给人以均衡、稳定的美感，主视图、俯视图采用半剖视图，剖视和视图两部分在表达内部和外部结构时，不仅实现了内、外结构表达上的清晰完整，还形成了方法层面的对称性，在和谐、互补和应用方面给人以美的感受。

5.2.2.3 局部剖视图

用剖切面局部地剖开机件得到的剖视图称为局部剖视图，如图5-13所示。

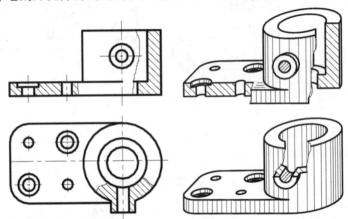

图5-13 局部剖视图

局部剖视图一般不用标注，局部剖视图与视图的分界线是波浪线或双折线，波浪线可认为是断裂面的投影，因此波浪线不能在穿通的孔或槽中通过，也不能超出视图轮廓，不要与图样上其他图线重合，图5-14为局部剖视图对比图。

当被剖结构为回转体时，允许将该结构的中心线作为局部剖视图的分界线，如图5-15所示。

局部剖视一般用于下列情况：

（1）机件上有部分内部结构形状需要表示，又没必要做全剖视，或内、外结构形状都需兼顾，结构又不对称的情况，如图5-13所示。

（2）实心零件上有孔、凹坑和键槽等需要表示时，可采用局部剖视，如图5-16所示。

（3）机件虽对称，但不宜采用半剖视时（分界线处为粗实线），可采用局部剖视，如图5-17所示。

（4）必要时，允许在剖视图中再做一次简单的局部剖视，这时两者的剖面线应同向、同间隔,但要相互错开,如图 5-18 所示。

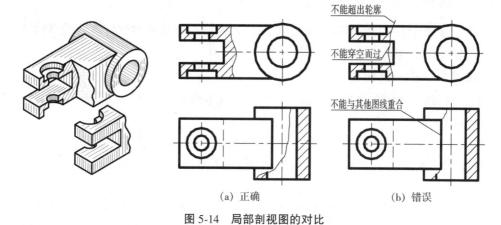

(a) 正确　　　　　　　　(b) 错误

图 5-14　局部剖视图的对比

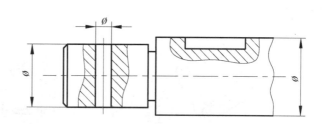

图 5-15　局部剖视的特殊画法　　　　　图 5-16　局部剖视图的应用(一)

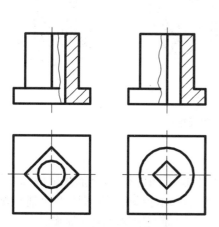

图 5-17　局部剖视图的应用(二)

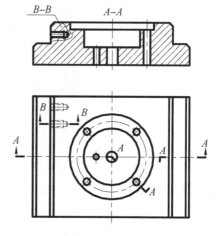

图 5-18　局部剖视图的应用(三)

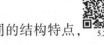

5.2.3　剖切平面和剖切方法 ▶▶▶▶

实际工作中,机件的结构形状比较复杂,画图时应当根据各种机件不同的结构特点,采用适当的剖切面和剖切方法来表达机件。

5.2.3.1　单一剖切面

单一剖切面剖切,除了上述用单一的平行于基本投影面的平面进行剖切外,还有用单一斜剖切平面和单一剖切柱面进行剖切的。

单一斜剖切平面剖切是指用不平行于基本投影面,但垂直于基本投影面的剖切平面剖切机件,再投影到与剖切平面平行的投影面上,如图 5-19 所示的剖切面"A"及剖视图"A–A"。

采用斜剖方法得到的剖视图最好按投影关系配置,标注必须完整,如图 5-19 所示。在不至于引起误解时,允许将图形旋转摆正,摆正后的剖视图按规定标注,如图 5-19(c)所示。

采用单一剖切柱面剖切机件时,剖视图一般应按展开绘制,并在剖视图名称后加注"展开"。

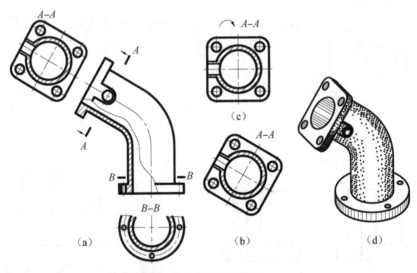

图 5-19　单一剖切平面剖切

5.2.3.2　几个平行的剖切平面

当机件上有较多的内部结构需要表达,而它们按不同的层次分布在机件的不同位置,用一个单一平面难以表达时,可采用几个平行于基本投影面的剖切平面剖开机件。图 5-20 所示机件的主视图就是用了三个平行的剖切平面剖切得到的全剖视图。

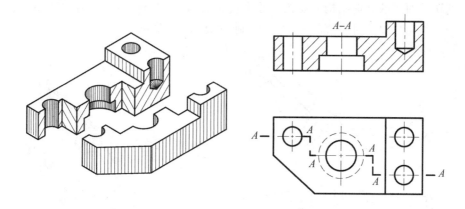

图 5-20　三个平行的剖切平面剖切

采用几个平行的剖切平面剖切画剖视图时,应注意以下几个问题:

(1)因为剖切是假想的,所以剖切平面转折处不应画线,并且剖切平面的转折处不要与图形中的轮廓线重合,也不应出现不完整的要素,如图 5-21 所示。

(2)采用几个平行的剖切平面画剖视图时,当两个要素在图形上具有公共对称中心线或轴线时,可各画一半,此时应以对称中心线和轴线为界,如图 5-20 所示。

(3)用几个平行的剖切平面剖切画剖视图时必须标注。

剖切平面的起讫和转折处应画出剖切符号,并用与剖视图的名称同样的字母标出。在起讫处、剖切符号外端用箭头(垂直于剖切符号)表示投射方向,如图 5-22 所示。

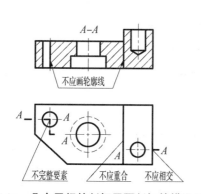

图 5-21　几个平行的剖切平面剖切的错误画法

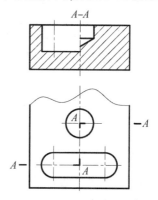

图 5-22　几个平行的剖切平面剖切特例

5.2.3.3　几个相交的剖切平面

用几个相交的平面(交线垂直于某一基本投影面)剖开机件,然后将被倾斜剖切平面剖开的结构及其有关部分旋转到与选定的基本投影面平行后再进行投影,这种剖切方法所获得的剖视图如图 5-23 所示。

这种剖切方法适用于端盖、轮盘一类的回转体机件,也适用于具有明显回转轴线的机件。

在剖切平面后的其他结构一般仍按原来投影绘制,如图 5-23 中的小油孔的画法。当剖切后产生不完整要素时,该部分按不剖绘制,如图 5-24 所示。

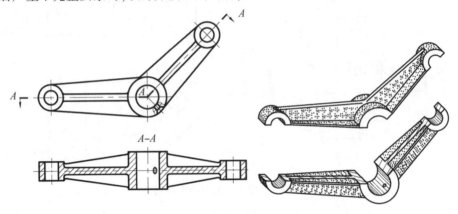

图 5-23 两个相交的剖切平面剖切(一)

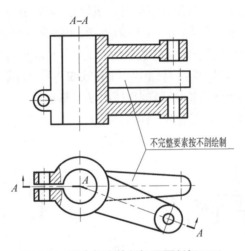

图 5-24 两个相交的剖切平面剖切(二)

美学延伸:静止便于显现事物的外形,运动利于传达事物的精神,动中有静,静中有动,可以形成生动美感。图 5-23 采用两个相交的剖切平面绘制的剖视图(俗称旋转剖视图)中,也体现了"动中见静,静中见动"的动静美。主视图中右部倾斜结构位于静止状态,俯视图中将倾斜结构先旋转到与水平投影面平行后再进行投影,体现了由弯折旋转到向外延伸舒展的一个动态过程,是由静向动转换的美。

5.3 断面图

假想用剖切面将机件的某处切断,仅画出该剖切面与机件接触部分的图形,称为断面图,简称断面,如图 5-25 所示。

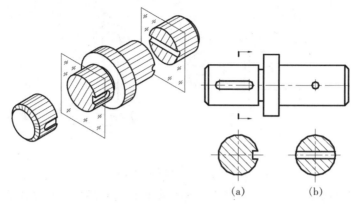

图 5-25　断面图

断面图主要用来表达机件上某一结构(如机件上的肋板、轮辐、键槽、杆件)及型材的断面形状。

根据断面图配置的位置不同,断面图可分为移出断面图和重合断面图两种。

5.3.1　移出断面图 >>>>

画在视图之外的断面图称为移出断面图,如图 5-25 所示。

5.3.1.1　移出断面图的画法与配置

(1)移出断面图的轮廓线用粗实线绘制,并在断面上画上剖面符号,如图 5-25 所示。

(2)移出断面图应尽量配置在剖切线的延长线上,如图 5-25 所示。当断面图形对称时,也可画在视图的中断处,如图 5-26 所示。

(3)由两个或多个相交的剖切平面剖切得出的移出断面图,中间一般应断开,如图 5-27 所示。

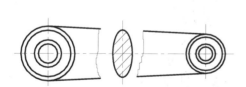

图 5-26　布置在视图中断处的断面图

图 5-27　几个相交的剖切平面剖开的移出断面图

(4)当剖切平面通过回转面形成的孔、凹坑的轴线时或当剖切平面通过非圆孔,导致出现完全分离的两个断面时,则这些结构应按剖视图处理,如图 5-28 所示。"按剖视图处理"是指被剖切的结构,并不包括剖切平面后的结构。

5.3.1.2　移出断面图的标注

(1)当移出断面图不配置在剖切线延长线上时,一般应用剖切符号表示剖切位置,用箭头表示投影方向,并注上字母;在断面图的上方应用同样的字母标出相同的名称,如图 5-28(b)中的"*A—A*"。

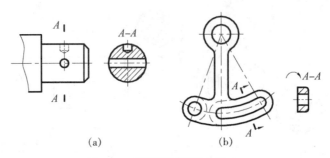

图 5-28　移出断面图的标注

（2）配置在剖切线延长线上的不对称移出断面图，可省略字母，如图 5-25（a）所示。

（3）对称移出断面图以及按投影关系配置的不对称移出断面图，均可省略箭头，如图 5-28（a）所示。

（4）配置在剖切线延长线上的对称移出断面图及配置在视图中断处的移出断面图，均可省略标注，如图 5-25（b）、图 5-26 所示。

5.3.2　重合断面图 ≫≫≫

画在视图内的断面图称为重合断面图，其轮廓线用细实线画出，如图 5-29 所示。

因重合断面图画在视图内，所以只能在不大影响图形清晰的情况下采用。当视图中的轮廓线与重合断面的图形重叠时，视图中的轮廓线仍需连续画出，不可间断，如图 5-29 所示。

重合断面图直接画在视图内剖切位置处，标注时一律不用字母，一般只用剖切符号和箭头表示剖切位置和投影方向，如图 5-29（a）所示。对称的重合断面图可省略标注，如图 5-29（b）所示。

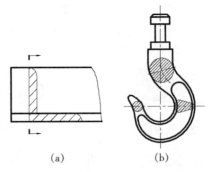

图 5-29　重合断面图

5.4　其他表达方法

5.4.1　局部放大画法 ▶▶▶▶

将机件的部分结构,用大于原图形的比例画出,这种表达方法称为局部放大画法。机件上的一些细小结构,当图形过小表达不清或不便于标注尺寸时,可采用局部放大画法。

局部放大图可画成视图,也可画成剖视图或断面图,它与被放大部分的原表达方式无关,如图 5-30 所示。局部放大图应尽量配置在被放大部位的附近。

画局部放大图时,应用细实线圈出被放大部位,如有多处被放大,用罗马数字依次标记,并在局部放大图上方标出相应的罗马数字和采用的比例。当机件上仅有一个需要放大部位时,在局部放大图的上方只需注明所采用的比例。

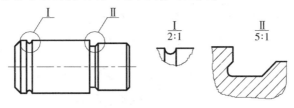

图 5-30　局部放大图

必须指出,局部放大图标出的比例是图中图形与实物相应要素的线性尺寸之比,与原图比例无关。

5.4.2　简化画法 ▶▶▶▶

GB/T 16675.1—2012 规定了若干简化画法。这些画法使图样清晰,有利于看图和画图。现将一些常用的简化画法介绍如下:

(1)重复结构要素的简化画法。当机件具有若干形状相同且规律分布的孔、槽等结构时,可以仅画出一个或几个完整的结构,其余用点画线表示其中心位置,并将分布范围用细实线连接,如图 5-31 所示。

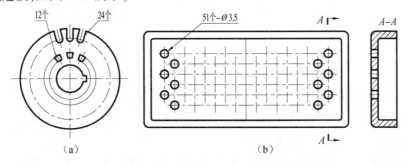

（a）　　　　　　　　　　　（b）

图 5-31　重复结构要素的简化画法

美学延伸:机械制图一方面要求以最简洁、最清晰的图样准确地表达设计者的意图,另一方面要求能够让读图者以最快的速度读懂图纸所表达的内容,整个图面要给人以迅捷、明快、精炼、准确的美感。制图中的简洁美主要通过抽象和统一来实现。画法抽象,可以用简洁的形式来表达复杂的结构;规范统一,使图样得以交流,成为工程界的技术语言。

(2)剖视图中的肋板、轮辐等结构的简化画法。对于机件的肋板、轮辐等,如按纵向剖切,通常按不剖绘制(不画剖面符号),而用粗实线将其与邻接部分分开,如图5-32、图5-33所示。

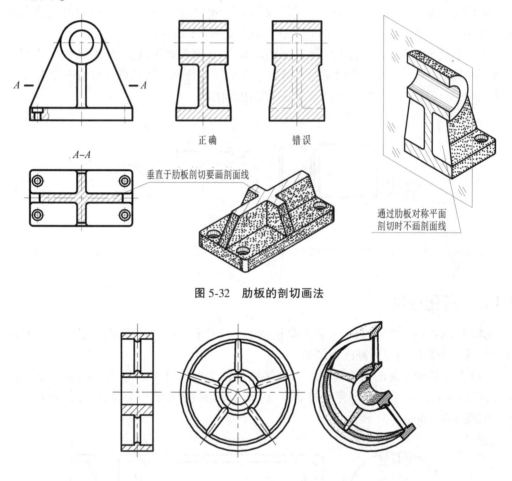

图 5-32　肋板的剖切画法

图 5-33　轮辐的剖切画法

美学延伸:比较图5-32中两种左视图的画法,按规定画法画出的正确表示中层次分明,黑白颜色对比性强,个性与差异性表达锐利,结构表达清晰;而错误表示中虚线、剖面线太多,无明暗差异性,结构表达混沌。

当机件回转体上均匀分布的肋板、孔等结构不处于剖切平面上时,可将这些结构旋转到剖切平面上画出,如图5-34所示。

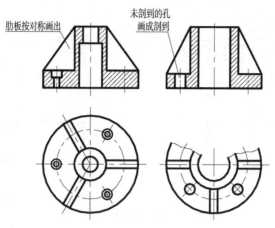

图 5-34　均匀分布的肋板、孔等结构的简化画法

（3）平面表示法。当平面在图形中不能充分表达时,可用平面符号(相交的细实线)表示,如图 5-35 所示。

图 5-35　用平面符号表示平面

（4）对称机件的画法。对于对称机件的视图可只画一半或 1/4,并在对称中心线的两端画出两条与其垂直的平行细实线,如图 5-36 所示。

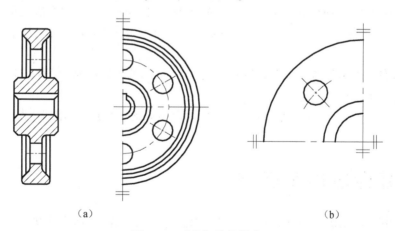

（a）　　　　　　　　　　　　　　　　　（b）

图 5-36　对称机件的画法

（5）较长机件的简化画法(断裂画法)。若较长的机件(如轴、杆、型材、连杆等)沿长度方向的形状一致或按一定规律变化,可断开后缩短画出,但要标注实际尺寸,如图 5-37 所示。实心圆柱体和空心圆柱体还可以分别以图 5-37(c)、(d)来表示。

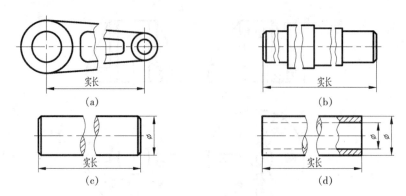

图 5-37　较长机件的简化画法

（6）小圆角、小倒角的简化画法。在不至于引起误解时，零件图中的小圆角、锐边的倒角或 45° 小倒角允许省略不画，但必须注明尺寸或在技术要求中加以说明，如图 5-38 所示。

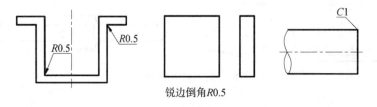

图 5-38　小圆角、小倒角的简化画法

（7）圆柱形法兰和类似的机件上均匀分布的孔可按图 5-39 所示方法表示。

（8）在需要表示位于剖切平面前的结构时，这些结构用双点画线绘制，如图 5-40 所示。

（9）零件上对称结构的局部视图可按图 5-41 所示的方法绘制，在不至于引起混淆的情况下，允许用轮廓线代替交线。

（10）与投影面倾斜角度小于或等于 30° 的圆或圆弧，其投影可用圆或圆弧代替，如图 5-42 所示。

5.5　综合应用举例

在绘制图样时，确定机件表达方案的原则是：在完整、清晰地表达机件各部分内、外形状（内形、外形）及相对位置的前提下，力求看图方便，绘图简单。特别是对内形、外形复杂的机件，应恰当选用视图、剖视图、断面图等表达方法，使图形清晰易看。下面举例说明。

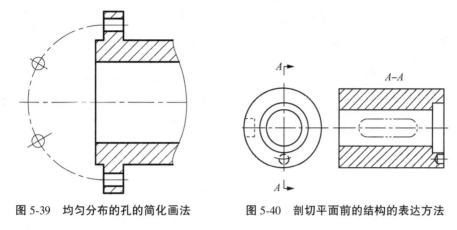

图 5-39　均匀分布的孔的简化画法　　　图 5-40　剖切平面前的结构的表达方法

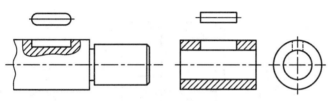

图 5-41　对称结构的局部视图

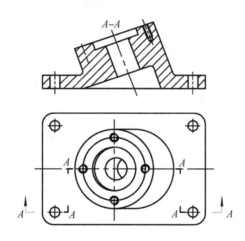

图 5-42　倾斜的圆或圆弧的简化画法

例 5-1　图 5-43 为一支架的立体图,机件内形较为复杂,请运用正确的表达方法绘制机件的视图。

从机件的直观图上可以看出,机件的正面外形简单,而内部孔腔形状较为复杂,因此主视图应采用全剖视图。考虑机件前方下部开有小孔,在左视图可采用局部剖表示。如仅采用主视图、左视图,则机件右边孔腔的形状和三个小孔的分布在左视图上不可见,因而画成虚线。这样在左视图上虚实线重叠在一起,显得很不清晰。因此再采用一个右视图,配置在主视图左边,左视图上反映机件右端形状的虚线就可省略不画。采用主视图、

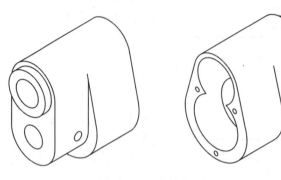

图 5-43　机件的直观图

左视图、右视图,可将机件内形、外形全部表达清楚。支架的表达如图 5-44 所示。

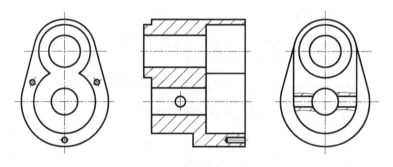

图 5-44　支架的表达

例 5-2　图 5-45(b)为一唧筒壳体的直观图,机件结构较为复杂,请运用正确的表达方法绘制机件的视图,使图形清晰易看。

如图 5-45(a)所示,主视图采用了两个相交的剖切平面对机件进行剖切,为 *A—A* 剖视,从而将主体部分及左侧凸缘部分、右侧凸缘部分的关系和内部结构都表达清楚,并在俯视图标注剖切位置。俯视图采用了几个平行的剖切平面对机件进行剖切,为 *B—B* 剖视。这样,可将两凸缘的相对位置及内部结构表达清楚。由于 *B—B* 剖视和 *A—A* 剖视放置在标准的配置位置,因而投影方向的箭头可省略。

由于 *B—B* 剖切平面将机件上端面切去,所以用局部视图 *E* 表示其上端面形状。

唧筒的左侧凸缘和肋板厚度用 *C—C* 剖视表达,斜视图 *D* 表示了右前方的凸缘。

唧筒左侧凸缘及底面圆盘有四个小孔,可采用简化画法将其中一个孔剖开并旋转到被 *A—A* 剖切平面剖切到的位置画出,以表示均为通孔。

应指出,合理地综合运用各种表达方法,完整、清晰地表达机件是重要的。同一机件,可以采用多种方法表达,其各有优缺点,需要认真分析,择优选用。

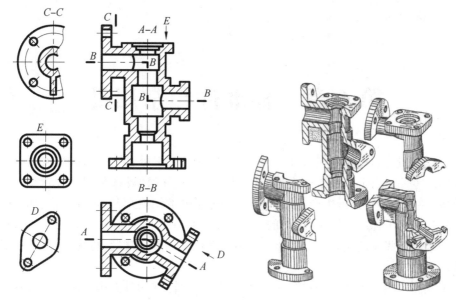

（a）唧筒壳体的视图表达　　　　　　（b）机件直观图

图 5-45　机件的表达

习题

1.局部视图与斜视图的画法有何区别？

2.举例说明全剖与半剖的应用范围有何区别。

3.标注局部剖的断裂边界时应注意哪些问题？

4.移出断面的画法中有哪些特殊规定？

第6章 标准件与常用件

在工程上，紧固件、传动件和支撑件，如螺栓、螺钉、螺母、键、销、轴承、齿轮等，是被经常使用的零件。由于这些零件或组件应用广泛，为了减轻设计负担，提高产品质量和生产效率，便于专业化批量生产，国家对其中部分零件的结构形状、尺寸大小、加工要求、表达方法均进行了标准化规定，这样的零（部）件，称为标准件，如螺纹紧固件、键、销、滚动轴承等。还有些零件只对其结构和重要参数进行了标准化规定，称为常用件，如齿轮、弹簧等。

为了提高绘图效率和便于看图，国家标准对标准件、常用件的画法做了具体规定，不完全按照它们的真实投影画图，而是运用一些简化和示意的画法及标记来表示。因此，画图时必须严格遵守相关的国家标准，并学会查阅有关的标准手册。

本章将主要介绍螺纹、螺纹紧固件、键、销、滚动轴承、齿轮、弹簧和焊接件的基本知识、规定画法和标记。

6.1 螺纹和螺纹紧固件

6.1.1 螺纹》》》》

螺纹是在圆柱或圆锥台表面上沿着螺旋线加工所形成的连续凸起和沟槽。它是螺栓、螺母、螺钉等标准件上的主要结构。在圆柱（圆锥）外表面上的螺纹叫作外螺纹；在圆柱（圆锥）内表面上的螺纹叫作内螺纹。

6.1.1.1 螺纹的形成

加工螺纹的方法很多，图6-1所示为在车床上加工螺纹的情况。加工直径较小的内螺纹时，先用钻头钻孔，再用丝锥加工螺纹，如图6-2所示。

（a）加工外螺纹　　　　　　　　（b）加工内螺纹

图6-1 车制螺纹

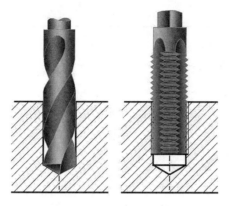

图 6-2　丝锥加工内螺纹

6.1.1.2　螺纹的基本要素

（1）牙型

在通过螺纹轴线的剖面上，螺纹的轮廓形状称为牙型。牙型有三角形、梯形、锯齿形等。不同牙型的螺纹有不同的用途，常用的标准螺纹牙型及符号如表 6-1 所示。

表 6-1　常用的标准螺纹牙型及符号

螺纹名称及牙型代号	牙型	用途	说明
粗牙普通螺纹 细牙普通螺纹 M	60°	一般连接用粗牙普通螺纹，薄壁零件的连接用细牙普通螺纹	螺纹大径相同时，细牙螺纹的螺距和牙型高度都比粗牙螺纹的螺距和牙型高度小
非螺纹密封管螺纹 G	55°	常用于电线管等不用密封的管路系统中的连接	螺纹另加密封结构后，密封性能好，可用于高压的管路系统
55°密封管螺纹 Rc Rp R_1 或 R_2	1:16　55°	常用于日常生活中的水管、煤气管、润滑油管等系统中的连接	Rc—圆锥内螺纹，锥度 1：16； Rp—圆柱内螺纹； R_1—与圆柱内螺纹相配合的圆锥外螺纹，锥度 1：16； R_2—与圆锥内螺纹相配合的圆锥外螺纹，锥度 1：16

续表

螺纹名称及牙型代号	牙型	用途	说明
梯形螺纹 Tr	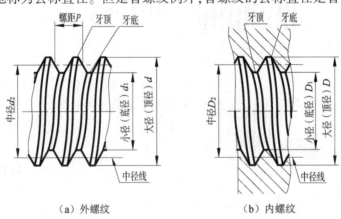	多用于各种机床的传动丝杠	做双向动力传递
锯齿形螺纹 B		用于螺旋压力机的传动丝杠	做单向动力传递

（2）直径

螺纹的直径包括大径（d、D）、小径（d_1、D_1）、中径（d_2、D_2），如图 6-3 所示。外螺纹的直径用小写字母表示，内螺纹的直径用大写字母表示。

大径是指与外螺纹牙顶或内螺纹牙底相重合的假想圆柱面直径。

小径是指与外螺纹牙底或内螺纹牙顶相重合的假想圆柱面直径。

中径是指通过牙型上的沟槽宽度与凸起宽度相等处的假想圆柱面直径。

螺纹大径也称为公称直径。但是管螺纹例外，管螺纹的公称直径是管子的通径。

（a）外螺纹   （b）内螺纹

图 6-3　螺纹的各部分名称

（3）线数（头数）n

螺纹有单线或者多线之分。沿一条螺旋线所形成的螺纹称为单线螺纹，如图 6-4（a）所示；沿两条或两条以上在轴向等距分布的螺旋线所形成的螺纹称为多线螺纹，如图 6-4（b）所示。

（4）螺距 P 和导程 L

螺纹上相邻两牙在中径线上对应两点间的轴向距离,称为螺距,如图 6-4 所示。同一条螺旋线上相邻两牙在中径线上对应两点间的轴向距离,称为导程,如图 6-4 所示。

对于单线螺纹,导程＝螺距($L=P$);对于多线螺纹,导程＝线数×螺距($L=n×P$)。

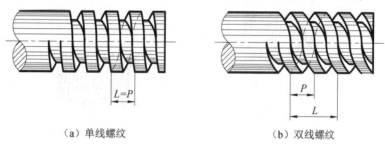

（a）单线螺纹　　　　　　　　（b）双线螺纹

图 6-4　螺纹的线数、螺距和导程

（5）旋向

螺纹以顺时针方向旋转为旋进的是右旋螺纹,螺纹以逆时针方向旋转为旋进的是左旋螺纹,如图 6-5 所示。

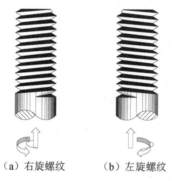

（a）右旋螺纹　　（b）左旋螺纹

图 6-5　螺纹的旋向

内、外螺纹相配合时,它们的基本要素必须全部相同。

6.1.1.3　螺纹的工艺结构

（1）螺纹末端

为了便于装配并防止螺纹起始圈损坏,通常在螺纹的起始端加工出一定的形式,如倒角、圆角等,如图 6-6 所示。

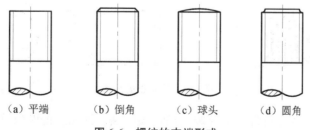

（a）平端　　　（b）倒角　　　（c）球头　　　（d）圆角

图 6-6　螺纹的末端形式

（2）螺纹的收尾和退刀槽

车削螺纹时，在接近螺纹末尾处，刀具要逐渐离开工件，因此，螺纹末尾部分的牙型是不完整的，如图6-7所示。有时，为了避免产生螺尾，可以在螺纹末尾预先加工出一个退刀槽，然后进行螺纹车削，如图6-8所示。

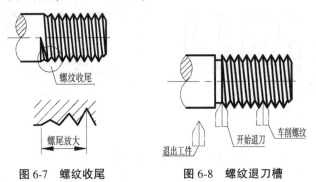

图6-7　螺纹收尾　　　　　图6-8　螺纹退刀槽

6.1.1.4　螺纹的分类

（1）螺纹按其用途可分为连接螺纹和传动螺纹两大类。

连接螺纹起连接作用，用于将两个或多个零件连接起来，如粗牙普通螺纹、细牙普通螺纹、圆柱管螺纹、圆锥管螺纹等；传动螺纹用于传递运动和动力，如梯形螺纹和锯齿形螺纹等。

（2）螺纹按是否符合国家标准分为标准螺纹、特殊螺纹和非标准螺纹。

国家标准对螺纹的牙型、大径和螺距做了规定。凡是三项都符合标准的称为标准螺纹；只有牙型符合标准，大径或螺距不符合标准的称为特殊螺纹；牙型不符合标准的称为非标准螺纹。

6.1.1.5　螺纹的规定画法

（1）外螺纹的画法

如图6-9所示，在投影为非圆的视图上，外螺纹的大径画成粗实线，小径画成细实线。实际画图时小径通常画成大径的0.85倍（实际尺寸可在附录有关表中查到），螺纹的终止线用粗实线绘制。在投影为圆的视图上，用粗实线画螺纹的大径，用3/4圈圆弧的细实线画小径，倒角圆省略不画。

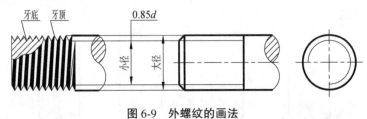

图6-9　外螺纹的画法

图6-10表示非实心杆件上的外螺纹的剖视画法。剖切后的螺纹终止线只画表示螺纹牙高的一小段粗实线，并且剖面线必须画到表示螺纹大径的粗实线为止。

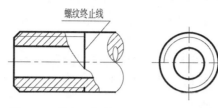

图 6-10　非实心杆件上外螺纹的剖视画法

（2）内螺纹的画法

如图 6-11 所示，在投影为非圆的视图上，小径用粗实线画出，大径用细实线画出。螺纹的终止线用粗实线绘制，剖面线画到牙顶的粗实线处。如果采用不剖画法，则大径、小径和螺纹终止线都画虚线，如图 6-12 所示。在投影为圆的视图上，小径画成粗实线，大径画 3/4 圈圆弧的细实线，倒角圆省略不画。对于不穿通的螺孔（也称盲孔），钻孔深度与螺孔深度的差值一般为（5~6）P，画图时取 0.5d，钻孔孔底的顶角应画成 120°。

（3）螺纹连接的画法

内、外螺纹连接一般以剖视表示，其旋合部分按外螺纹画出，其余部分仍用各自的画法表示，如图 6-13 所示。画图时应注意内、外螺纹的大径、小径分别对齐。

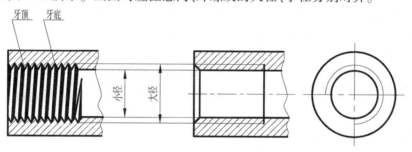

图 6-11　内螺纹的画法

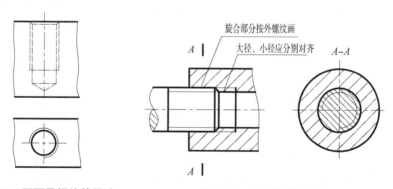

图 6-12　不可见螺纹的画法　　图 6-13　螺纹连接的画法

6.1.1.6　螺纹的标注

螺纹采用规定画法后，还应注写标记。螺纹的完整标记内容为：

螺纹代号-螺纹公差带代号-螺纹旋合长度代号

（1）螺纹代号

螺纹代号形式为：

　　　　　　　　牙型符号　公称直径×螺距　旋向

①粗牙普通螺纹和管螺纹的螺距省略标注，因为相对于一个公称直径，它们只有一个确定的螺距值。

②当为多线螺纹时，在"螺距"处以"导程（P 螺距）"的形式表示，普通螺纹用"L/n"表示。

③当为左旋螺纹时，在"旋向"处标注"LH"。右旋螺纹不注旋向。

④管螺纹的公称直径并非螺纹的大径，而是指管子的通径，用其英寸数值表示。因此，管螺纹标注时，必须用引出线从大径引出标注。

（2）螺纹公差带代号

螺纹公差带代号是由公差等级数字和基本偏差符号组成的，表示螺纹的加工精度要求，内螺纹用大写字母表示，外螺纹用小写字母表示，一般注写中径和顶径的公差带。有关公差等级和基本偏差的概念，将在第 7 章中介绍。

（3）螺纹旋合长度代号

螺纹旋合长度分为长、中、短三个等级，分别用 L、N、S 表示，必要时可以标注指定的旋合长度数值。该代号表示保证螺纹精度的长短，中等旋合长度 N 不用标注。

常用标准螺纹的标注示例如表 6-2 所示。

表 6-2　常用标准螺纹的标注示例

螺纹类别	牙型符号	标注示例	说明
普通螺纹	M	M20-5g6g-40	粗牙普通螺纹，大径 20 mm，螺距 2.5 mm（查表得到），右旋；螺纹中径公差带代号为 5g，顶径为 6g；旋合长度为 40 mm
		M24×1-6H	细牙普通螺纹，大径 24 mm，螺距 1 mm，右旋；螺纹中径、顶径公差带代号为 6H；旋合长度为中等
非螺纹密封管螺纹	G	G1A　G1	公称直径为 1 in 的非螺纹密封的圆柱管螺纹，A 表示外螺纹等级。螺纹大径为 33.25 mm，螺距为每英寸 11 牙（查表得到）

续表

螺纹类别		牙型符号	标注示例	说明
55°密封管螺纹	圆柱内螺纹	R_p	R_p 1	公称直径为 1 in 的圆柱内管螺纹
	圆锥螺纹	R_c(内螺纹)、R_2(外螺纹)	R_c 1/2　　R_2 1/2	公称直径为 $\frac{1}{2}$ in 的圆锥管螺纹
梯形螺纹		Tr	Tr32×12(P6)LH-7H　　Tr32×12(P6)LH-6h	梯形螺纹,双线,大径 32 mm,导程 12 mm,螺距 6 mm,左旋;螺纹中径和顶径公差带代号为 7H(6h);旋合长度为中等
锯齿形螺纹		B	B32×6LH	锯齿形螺纹,大径 32 mm,单线,螺距 6 mm,左旋;旋合长度为中等

标注特殊螺纹时,必须在牙型符号前加注"特"字,并标出大径和螺距,如图 6-14 所示。标注非标准螺纹时,必须画出牙型并标注全部尺寸,如图 6-15 所示。

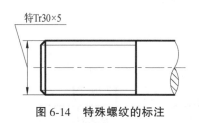

图 6-14　特殊螺纹的标注

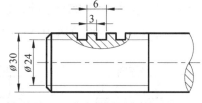

图 6-15　非标准螺纹的标注

6.1.2　常见的螺纹紧固件连接 ▶▶▶▶

6.1.2.1　螺纹紧固件及其标注

利用螺纹的旋紧作用将两个或两个以上的机件紧固在一起的有关零件称为螺纹紧固件。螺纹紧固件拆装方便、连接可靠,所以在机器中得到了广泛应用。常见的螺纹紧

标准件之螺纹紧固件

固件有螺栓、双头螺栓、螺钉、螺母和垫圈等。螺纹紧固件属于标准件,在装配图和技术资料中需要注写其标记代号。

螺纹紧固件的标记形式为:

紧固件名称　国家标准编号　规格尺寸

例如:螺栓 GB/T 5782—2000 M12×100

查书后附录可知,它表示该螺纹紧固件是 A 级六角头螺栓,螺纹规格 $d=12$,公称长度为 100 mm。

标注时也可省去标准的年份,上面螺栓也可标记为:螺栓 GB/T 5782 M12×100。

表 6-3 列举了一些常用的螺纹紧固件及其规定标记。

表 6-3　常用的螺纹紧固件及其规定标记

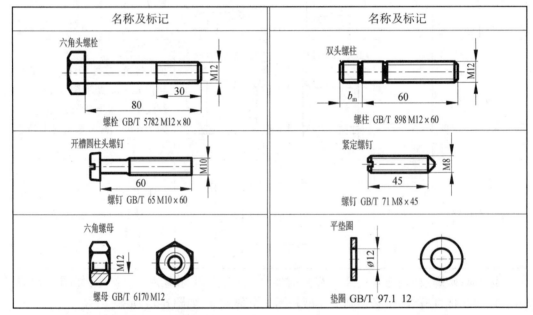

6.1.2.2　螺纹紧固件的连接形式

图 6-16 是常见的三种螺纹紧固件连接形式。

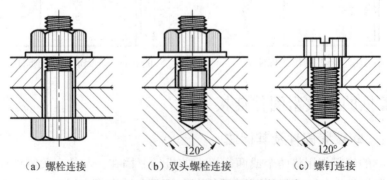

（a）螺栓连接　　　（b）双头螺栓连接　　　（c）螺钉连接

图 6-16　常见的三种螺纹紧固件连接形式

（1）螺栓连接

如图 6-16（a）所示，螺栓连接适用于两个不太厚零件之间的连接。在两个被连接的零件上钻通孔（孔径略大于螺栓直径），穿入螺栓，套上垫圈（改善零件之间的接触状况和保护零件表面），拧紧螺母即可将两个被连接零件连接在一起。

（2）双头螺栓连接

如图 6-16（b）所示，当被连接件中有一个较厚，不宜用螺栓连接时可以采用双头螺栓连接。在不太厚的零件上钻通孔，在较厚的零件上加工出不通的螺孔。双头螺栓的两端都带有螺纹，其一端旋入较厚零件的螺孔中（该端称为旋入端，必须将螺纹全部旋入螺孔），另一端穿过不太厚零件的通孔（该端称为紧固端，用于紧固螺母），套上垫圈，拧紧螺母即可。可以看出双头螺栓的上半部分连接情况与螺栓连接相同。

双头螺栓连接在拆卸时，只需拆下紧固端的零件，不必拆卸螺柱，因而不易损伤螺孔。

（3）螺钉连接

如图 6-16（c）所示，螺钉连接与螺栓连接相似。在不太厚的零件上钻通孔，在较厚的零件上加工出不通的螺孔。将螺钉穿过通孔旋入螺孔内，直接用螺钉压紧被连接零件。为了保证螺钉头能压紧被连接件，螺钉的螺纹部分应有足够的长度。

拆卸螺钉时，需将螺钉旋出，易损伤螺纹，故螺钉连接主要用于受力不大、不常拆卸处。

6.1.2.3　螺纹紧固件连接的画法

螺纹紧固件连接的画法必须满足装配图的规定画法：

①两零件的接触面只画一条公共轮廓线，不得特意加粗；非接触面应画两条线，以表示有间隙。

②两相邻金属零件的剖面线倾斜方向应相反。

③当剖切平面通过螺纹连接件的轴线时，标准件按不剖绘制。

（1）比例画法

在画螺纹紧固件连接图时，一般是按照与螺纹大径成一定比例的方法来确定紧固件各部分的尺寸。其中六角头螺母和螺栓的六角头端部的双曲线用圆弧近似画出。紧固件的有效长度根据计算结果按照国家标准取相近的标准值。这种画法称为比例画法。

图 6-17 为螺栓连接的比例画法。其中，螺栓有效长度 $L \approx \delta_1 + \delta_2 + b + H + a$，$\delta_1$、$\delta_2$ 是被连接件厚度。

（2）简化画法

在螺纹紧固件连接画法中通常省略倒角和六角头的双曲线，称为螺纹紧固件连接的简化画法。图 6-18（a）、（b）分别表示双头螺柱和圆柱头螺钉连接的简化画法，各参数的取值参考图 6-17。

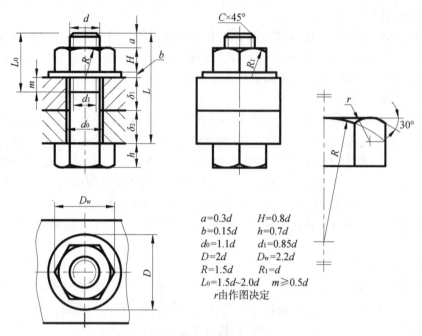

$a=0.3d$ $H=0.8d$
$b=0.15d$ $h=0.7d$
$d_0=1.1d$ $d_1=0.85d$
$D=2d$ $D_w=2.2d$
$R=1.5d$ $R_1=d$
$L_0=1.5d\sim2.0d$ $m\geqslant0.5d$
    r由作图决定

图 6-17 螺栓连接的比例画法

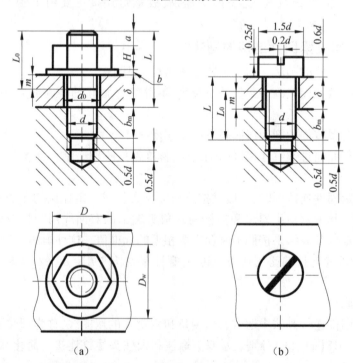

（a）   （b）

图 6-18 双头螺柱和圆柱头螺钉连接的简化画法

画双头螺柱连接装配图时，需要注意以下几个问题：

①双头螺柱旋入被连接零件的长度 b_m 与被连接零件的材料有关，b_m 的取值参见表

6-4。

②双头螺柱的有效长度 $L \approx \delta + b + H + a$，不包含旋入端长度 b_m。

③旋入端应该全部旋入螺孔，所以旋入端的螺纹终止线应与螺孔端面平齐。

表 6-4　旋入长度 b_m 取值

被旋入零件材料	旋入长度 b_m
钢、青铜	d
铸铁	$1.25d$ 或 $1.50d$
铝	$2d$

画螺钉连接装配图时，需要注意以下几个问题：

①螺钉的有效长度 $L \approx \delta + b_m$，b_m 的取值参见表 6-4。

②螺钉杆上的螺纹长度应大于旋入长度，因此螺纹终止线应高出螺纹孔端面。

③螺钉头部的起子槽在垂直于螺钉轴线的投影图上画成加粗的粗实线，且与中心线成 45°斜角。

（3）紧定螺钉的画法

紧定螺钉起固定两个零件相对位置的作用。图 6-19 所示为开槽锥端紧定螺钉的连接画法，螺钉钉尾 90°角锥端要与轴上 90°角的锥坑相压紧。

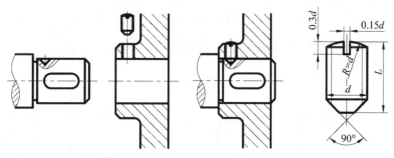

图 6-19　开槽锥端紧定螺钉的连接画法

6.2　键

键用于连接轴和轴上的传动件（如皮带轮、齿轮等），保证两者同步旋转以传递扭矩和旋转运动，如图 6-20 所示。

6.2.1　键的标记和画法 ▶▶▶▶

键是标准件，常用的键有普通平键、半圆键、钩头楔键等，如图 6-21 所示。

键的标记代号形式是：

国家标准代号　键　宽度×高度×长度

例如：GB/T 1096—2003　键　16×10×100，表示键宽 $b = 16$ mm，键高 $h = 10$ mm，键长

（a）　　　　　　　　　　（b）

图 6-20　键连接

（a）普通平键　　　（b）半圆键　　　（c）钩头楔键

图 6-21　常用的键

$L = 100$ mm，国家标准代号为 GB/T 1096—2003。

6.2.2　键槽的画法和尺寸标注 ▶▶▶▶

键槽分轴上的键槽和轮毂上的键槽两种，如图 6-22 所示。相同轴径时轴上键槽的深度 t_1 和轮毂键槽深度 t_2 不等。轴上键槽的画法和尺寸标注如图 6-22（a）所示；轮毂上键槽的画法和尺寸标注如图 6-22（b）所示。在设计时键槽的宽度和深度都可以根据轴径大小由国家标准确定。

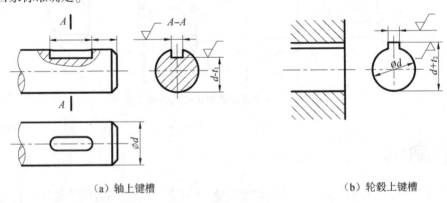

（a）轴上键槽　　　　　　　　　　　　　　（b）轮毂上键槽

图 6-22　键槽尺寸的标注

6.2.3　键的连接画法 ▶▶▶▶

常用键的连接画法如图 6-23 至图 6-25 所示。画剖视图时，当剖切平面通过键的纵向对称面时，键按照不剖处理；当剖切面垂直于轴线时，仍按照剖切处理。普通平键和半圆键的两个侧面为工作面，顶面为非工作面，键的顶面和轮毂上键槽的底面有间隙，如图 6-23、图 6-24 所示。

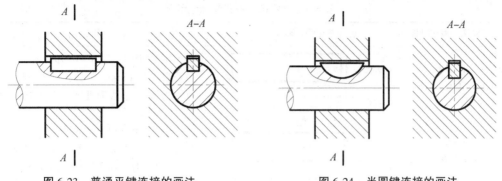

图 6-23　普通平键连接的画法　　　　　图 6-24　半圆键连接的画法

钩头楔键的上、下两面是工作面,因此画图时上、下接触面均为一条线,如图 6-25 所示。

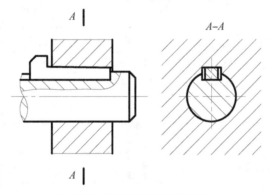

图 6-25　钩头楔键连接的画法

6.3　销

销一般用于零件间的连接和定位,常见的有圆柱销、圆锥销和开口销三种,如图 6-26 所示。

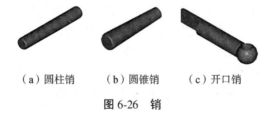

（a）圆柱销　　　（b）圆锥销　　　（c）开口销

图 6-26　销

销是标准件,标记形式为:

销　标准编号　公称直径×长度

表 6-5 列出了常用销的形式和标记示例。

表 6-5　常用销的形式和标记示例

名称及标准号	图例	标记和说明
圆柱销 GB/T 119.1—2000	⌀16　70	销 GB/T 119.1—2000 16×70 公称直径为 16 mm,公称长度为 70 mm, 材料为钢,不经表面处理的圆柱销
圆锥销 GB/T 116—2000	1:50　⌀16　70	销 GB/T 116—2000 16×70 公称直径为 16 mm,公称长度为 70 mm, 材料为 35 钢,表面氮化处理的圆锥销
开口销 GB/T 91—2000	50　10	销 GB/T 91—2000 10×50 公称直径为 10 mm,公称长度为 50 mm, 不经表面处理的开口销

销孔一般在装配时加工,通常是对两个被连接件一同钻孔和铰孔,以保证相对位置的准确性,这个要求应在零件图上注明,如图 6-27 所示。销连接的画法如图 6-28 所示,图 6-28(a)是圆柱销连接,图 6-28(b)是圆锥销连接。

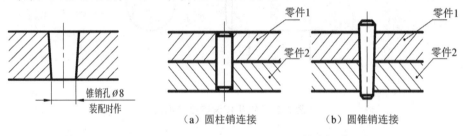

图 6-27　锥销孔的尺寸标注　　　　图 6-28　销连接的画法

6.4　滚动轴承

滚动轴承是用来支撑轴的标准部件,具有摩擦阻力小、效率高、结构紧凑、维护简单等优点,因而在机器中被广泛使用。它的形式和规格很多,但是一般由内圈、外圈、滚动体(如滚珠、滚柱)和保持架(隔离圈)组成,如图 6-29 所示。在一般情况下,内圈装在轴上并随轴一起转动,外圈装在机体上固定不动。

滚动轴承按其工作时承受载荷情况不同分为三类:向心轴承——主要承受径向载荷;推力轴承——只承受轴向载荷;向心推力轴承——同时承受径向和轴向载荷。

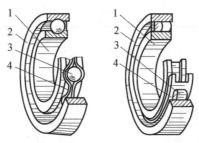

图 6-29　滚动轴承的结构

1—内圈；2—外圈；3—滚珠；4—保持架

6.4.1　滚动轴承的画法 ▶▶▶

滚动轴承是标准部件，国家标准给出了三种画法，即规定画法、特征画法和通用画法。

6.4.1.1　规定画法和特征画法

需要详细表达轴承主要结构时，可采用规定画法；仅需要简单表达时，可采用特征画法。画图时，根据给定的轴承代号，从国家标准中查出外径 D、内径 d、宽度 $B(T)$ 三个主要尺寸，具体画法如表 6-6 所示。

表 6-6　常用滚动轴承的画法

轴承类型	结构	规定画法	特征画法
深沟球轴承 GB/T 276—1994			
推力球轴承 GB/T 301—1995			

续表

轴承类型	结构	规定画法	特征画法
圆锥滚子轴承 GB/T 296—1994	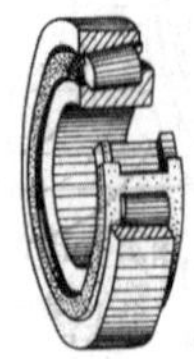 	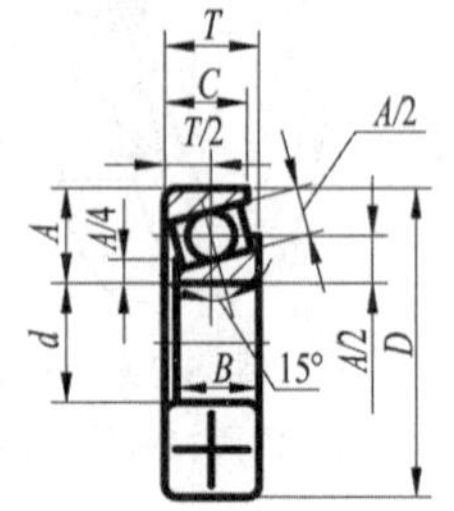	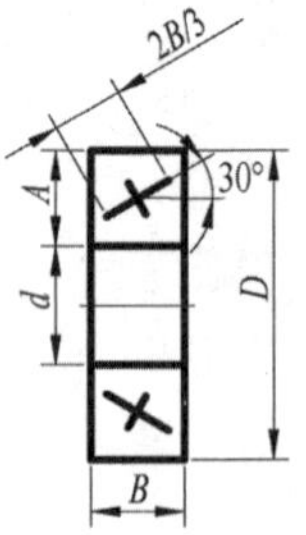

6.4.1.2　通用画法

当不需要确切地表示轴承的外形轮廓、载荷特性、结构特征时，只需按照通用画法画出，如图 6-30 所示。

图 6-30　滚动轴承的通用画法

6.4.2　滚动轴承的代号和标记 ▶▶▶▶

6.4.2.1　滚动轴承的代号

滚动轴承的代号由基本代号和补充代号组成。基本代号表示轴承的基本结构、尺寸、公差等级、技术性能等特征。补充代号包括前置代号、后置代号，是轴承在结构形状、尺寸、公差和技术要求等有改变时，在基本代号前、后添加的代号。前置代号和后置代号的有关规定可以查阅相关手册，这里主要介绍基本代号的内容。

滚动轴承的基本代号由轴承类型代号、尺寸系列代号和内径代号组成。

轴承类型代号用数字或者字母表示，表 6-7 给出了部分轴承的类型代号。

表 6-7　部分轴承的类型代号

代号	轴承类型	代号	轴承类型
0	双列角接触球轴承	5	推力球轴承
1	调心球轴承	6	深沟球轴承
2	调心滚子轴承和推力调心滚子轴承	7	角接触球轴承
3	圆锥滚子轴承	8	推力圆柱滚子轴承
4	双列深沟球轴承	N	圆柱滚子轴承

为了适应不同的受力情况,内径相同的轴承有不同的宽(高)度和不同的外径尺寸,它们组成一定的系列,称为轴承的尺寸系列。例如,深沟球轴承的尺寸系列代号有 17、37、18、19、(1)0、0(2)等。

常用滚动轴承的内径代号如表 6-8 所示。

表 6-8 常用滚动轴承的内径代号

轴承公称内径/mm		内径代号	说明
10~17	10	00	深沟球轴承 6200 $d=10$ mm
	12	01	
	15	02	
	17	03	
20~480(22、28、32 除外)		公称直径除以 5 的商数,当商数为个位数时,在商数左侧加"0",如 08	深沟球轴承 6208 $d=40$ mm
22、28、32		用公称内径毫米数直接表示,但与尺寸系列代号之间用"/"分开	深沟球轴承 62/22 $d=22$ mm

6.4.2.2 滚动轴承的标记

滚动轴承的标记由轴承名称、轴承代号和标准编号三部分组成。标注示例如下:

滚动轴承 6218 GB/T 276

6——类型代号,表示深沟球轴承;

2——尺寸系列代号"02","0"为宽度系列代号,按规定省略未写,"2"为直径系列代号;

18——内径代号,表示该轴承的内径为 $18 \times 5 = 90$ mm。

滚动轴承 51310 GB/T 301

5——类型代号,表示推力球轴承;

13——尺寸系列代号;

10——内径代号,表示该轴承的内径 $d=50$ mm。

6.5 齿轮

标准件之齿轮

齿轮是常用件,在机器中用来传递运动或动力,改变转速和方向。

常用齿轮的传动形式有圆柱齿轮、圆锥齿轮、蜗轮和蜗杆等,如图 6-31 所示。

圆柱齿轮用于两平行轴间的传动;圆锥齿轮用于两相交轴间的传动,一般情况下两轴相交成直角;蜗轮和蜗杆用于垂直交叉两轴之间的传动。

圆柱齿轮有直齿、斜齿和人字齿。圆锥齿轮有直齿和斜齿等。

常见的齿形曲线有渐开线和摆线等。渐开线齿廓易于制造、便于安装,因而使用较为广泛。

图 6-31　常用齿轮的传动形式

齿轮分标准齿轮和非标准齿轮,本节仅介绍渐开线标准直齿圆柱齿轮的基本知识和规定画法。

6.5.1　标准直齿圆柱齿轮各部分的名称、主要参数和尺寸关系►►►►

图 6-32 所示为一对啮合的标准直齿圆柱齿轮各部分名称和尺寸关系。

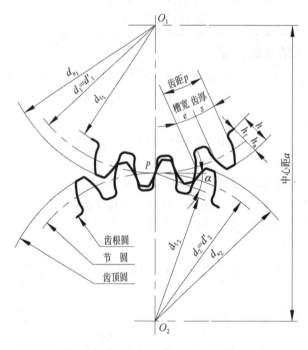

图 6-32　标准直齿圆柱齿轮各部分名称和尺寸关系

6.5.1.1　节圆和分度圆

O_1、O_2 分别为两啮合齿轮的圆心,两齿轮的齿廓在 O_1O_2 连线上的啮合接触点为 P。以 O_1、O_2 为圆心,O_1P、O_2P 为半径分别作圆,齿轮传动可以假想是这两个圆做无滑动的纯滚动,这两个圆称为节圆,其半径用 d' 表示。

对单个齿轮来说,设计、制造时计算尺寸和作为分齿依据的圆称为分度圆,其直径用

d 表示。

一对正确安装的标准齿轮,其分度圆是相切的,即分度圆与节圆重合,两圆直径相等,即 $d=d'$。

6.5.1.2　齿距 p 和模数 m

分度圆上相邻两齿对应点之间的弧长,称为分度圆齿距,用 p 表示。两啮合齿轮的齿距应相等。每个轮齿齿廓在分度圆上的弧长,称为齿厚,用 s 表示。相邻轮齿之间的齿槽在分度圆上的弧长,称为槽宽,用 e 表示。在标准齿轮中,齿厚与槽宽各为齿距的一半,即 $s=e=p/2$。

以 z 表示齿轮的齿数,则分度圆周长 $\pi d=zp$。即 $d=\dfrac{p}{\pi}z$,令 $\dfrac{p}{\pi}=m$,则 m 称为齿轮的模数。因为式中 π 是常数,所以模数 m 反映了齿距 p 的大小,而齿距 p 决定了轮齿的大小。模数是设计和制造齿轮的一个重要参数,已经标准化,如表6-9所示。

表6-9　齿轮标准模数系列(摘自 GB/T 1357—2008)

第一系列	… 1　1.25　1.5　2　2.5　3　4　5　6　8　10　12　16　20　25　32　40　50
第二系列	… 0.9　1.75　2.25　2.75　(3.25)　3.5　(3.75)　4.5　5.5　(6.5)　7　9　(11) 14　18　22　28　36　45

注:选用模数时,应优先采用第一系列,括号内的值尽可能不用。

6.5.1.3　齿顶圆直径 d_a、齿根圆直径 d_f、齿顶高 h_a、齿根高 h_f、齿全高 h

通过齿顶、齿根所作的圆分别为齿顶圆和齿根圆,它们的直径分别用 d_a、d_f 表示。齿顶圆与分度圆、齿根圆与分度圆、齿顶圆与齿根圆之间的径向距离,分别称为齿顶高 h_a、齿根高 h_f 和齿全高 h。

标准直齿圆柱齿轮各部分基本尺寸都与模数成一定的比例关系,如表6-10所示。

表6-10　标准直齿圆柱齿轮各部分尺寸关系

名称符号	计算公式	名称符号	计算公式
分度圆直径 d	$d=mz$	齿根圆直径 d_f	$d_f=d-2h_f=m(z-2.5)$
齿顶高 h_a	$h_a=m$	齿距 p	$p=\pi m$
齿根高 h_f	$h_f=1.25m$	中心距 a	$a=(d_1+d_2)/2$
齿全高 h	$h=h_a+h_f=2.25m$		$=m(z_1+z_2)/2$
齿顶圆直径 d_a	$d_a=d+2h_a=m(z+2)$	压力角 α	$\alpha=20°$

6.5.2　圆柱齿轮的画法》》》》

GB/T 4459.2—2003 规定了齿轮的画法,齿轮的轮齿部分按下列规定绘制:

(1)齿顶圆及齿顶线用粗实线绘制;

(2)分度圆、分度线及啮合齿轮的节圆、节线用点画线绘制;

(3)齿根圆及齿根线用细实线绘制或者省略不画,在剖视图上用粗实线绘制。

6.5.2.1　单个圆柱齿轮的画法

单个圆柱齿轮的画法如图 6-33 所示。一般用两个视图来表示齿轮的结构形状：一个为轴线垂直于投影面的视图，如图 6-33（a）所示；另一个为轴线平行于投影面的视图，一般情况下采用剖视表达（此时剖切平面通过齿轮轴线，规定轮齿部分按不剖处理，齿根线应画成粗实线），如图 6-33（b）所示，也可以采用外形视图表示，如图 6-33（c）所示。若为斜齿或人字齿圆柱齿轮，则应在视图中（未剖切部分）画出三条平行于齿向的细实线（人字齿为三对相交的细实线）以表明轮齿的方向，分别如图 6-33（d）、（e）所示。

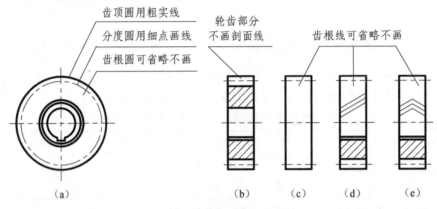

图 6-33　单个圆柱齿轮的画法

图 6-34 是圆柱齿轮的零件图，图中的左视图采用了局部视图的简化表示法。该图除具有一般零件图内容之外，还要在图纸右上角的参数表中注出模数、齿数和齿形角等基本参数。

6.5.2.2　相啮合圆柱齿轮的画法

在齿轮轴线垂直于投影面的视图中，啮合区内的齿顶圆均用粗实线绘制，如图 6-35（a）所示，也可省略不画，如图 6-35（d）所示。

在齿轮轴线平行于投影面的视图中，啮合区内有五条线，如图 6-35（b）所示：节线（两轮节线重合）仍以细点画线绘制，两轮的齿顶线用粗实线绘制，其中一个轮的齿顶为可见，则另一个齿轮的齿顶被遮住，画成虚线（也可省略不画）。若为不剖的外形视图，则啮合部分的节线重合而画成粗实线，如图 6-35（c）所示。

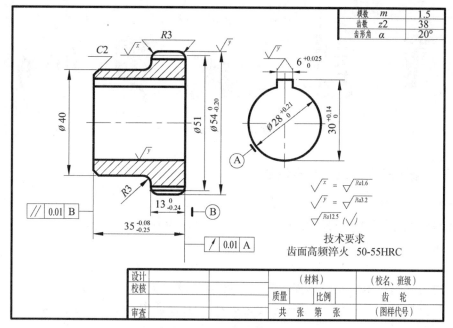

模数	m	1.5
齿数	$z2$	38
齿形角	α	20°

技术要求
齿面高频淬火　50-55HRC

设计			（材料）	（校名、班级）
校核				
			质量	比例	齿　轮
审查			共　张　第　张	（图样代号）

图 6-34　圆柱齿轮零件图

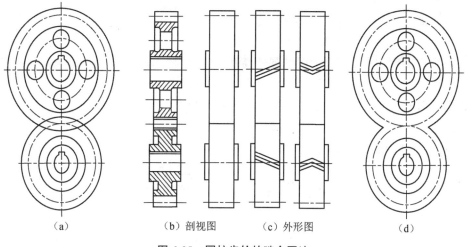

（a）　　　　　　（b）剖视图　　　（c）外形图　　　　　（d）

图 6-35　圆柱齿轮的啮合画法

6.6　弹簧

　　弹簧是一种常用件,是利用材料的弹性和结构特点,通过变形和储存能量工作的一种机械零(部)件,可用来减振、夹紧、储存能量、调节压力和测力等。

　　弹簧的种类很多,按照结构和受力可分为螺旋弹簧、板弹簧、涡卷弹簧、片弹簧等,如图 6-36 所示。应用最广的是圆柱螺旋压缩弹簧。本节主要介绍它的有关知识和画法。

图 6-36   弹簧示例

6.6.1   螺旋弹簧的基本参数

（1）弹簧材料直径 d。

（2）弹簧外径（弹簧的最大直径）D_2、内径（弹簧的最小直径）D_1 和中径（弹簧的平均直径）D。

$$D_1 = D_2-2d;\ D = (D_2+D_1)/2 = D_2-d = D_1+d$$

（3）有效圈数 n：保证弹簧能承受工作载荷，计算弹簧刚度的圈数。

（4）支撑圈数 N_z：为使螺旋压缩弹簧受力均匀，保证中心线垂直于支撑面，弹簧两端并紧且磨平起支撑作用的圈数。支撑圈数一般为 1.5 圈、2 圈、2.5 圈三种，常用的是 2.5 圈。

（5）总圈数 n_1：有效圈数与支撑圈数之和。

（6）节距 t：相邻两有效圈上对应点的轴向距离。

（7）自由高度 H_0：没有外力时的弹簧高度。

$$H_0 = nt+(N_z-0.5)d$$

（8）展开长度 L：制造弹簧时，所需弹簧材料的长度。

$$L \approx n_1\sqrt{(\pi D)^2+t^2}$$

部分参数代号如图 6-37 所示。

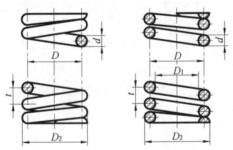

图 6-37   圆柱螺旋压缩弹簧剖视图

6.6.2   圆柱螺旋压缩弹簧的画法 >>>>

6.6.2.1   弹簧的规定画法（根据 GB/T 4459.4—2003）

（1）在平行于圆柱螺旋压缩弹簧轴线的投影面视图中，其各圈的轮廓应画成直线，如

图 6-37 所示。

（2）表示有效圈数在四圈以上的圆柱螺旋压缩弹簧时，中间部分可以省略，并且允许适当地缩短图形的长度。

（3）圆柱螺旋压缩弹簧不论其支撑圈多少和末端贴紧情况如何，均可按支撑圈为 2.5 圈的弹簧绘制，如图 6-37 所示。必要时也可按照支撑圈的实际结构绘制。

（4）螺旋弹簧均可画成右旋，对必须保证的旋向要求应在"技术要求"中注明。

6.6.2.2　单个弹簧的画法

已知弹簧材料直径 d、弹簧外径 D、节距 t 和自由高度 H_0，即可绘制弹簧的视图。图 6-38 为作图的步骤，该图是按照支撑圈为 2.5 圈绘制的。

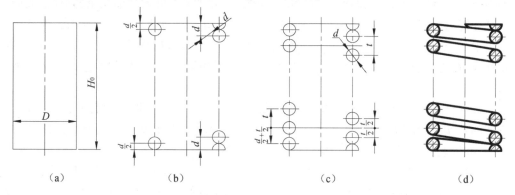

| （a） | （b） | （c） | （d） |

图 6-38　圆柱螺旋压缩弹簧的画图步骤

6.6.2.3　弹簧在装配图中的画法

装配图中圆柱螺旋压缩弹簧的画法如图 6-39 所示。被弹簧挡住的结构一般不画出，可见部分应从弹簧的外轮廓线或从钢丝剖面的中心线画起，如图 6-39（a）所示。

当弹簧材料直径在图上等于或小于 2 mm 时，其剖面可以涂黑［如图 6-39（b）所示］，或采用示意画法［如图 6-39（c）所示］。

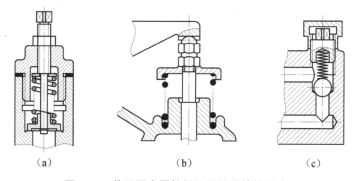

| （a） | （b） | （c） |

图 6-39　装配图中圆柱螺旋压缩弹簧的画法

6.7 美学延伸

由于受到标准的严格限制,标准件(如机械产品中的螺钉、螺母、轴承)和常用件(如齿轮、皮带轮等)都具有规整、统一的造型与尺度,标准化赋予了产品整齐划一的规范美,这是现代工业技术美学的直观反映。利用标准件及常用件在形状与尺寸上的一致性,通过有规律的排列与布置,可以令人感受到一种富于韵律变化的美感,产生动感十足的效果。

产品的技术标准会随着生产的发展、技术的进步不断完善、充实与提高,从而使产品的性能、可靠性及人机工程学方面的性质得到进一步改进。随着生活质量的提高,人们对产品外观与形式的审美提出了更高的要求,为了充分发挥标准化的美学功能、提高产品的美学品质,必须考虑标准化与个性的融合,使标准件与常用件不仅在功能结构方面满足标准,在外形、色彩等方面也要有与设计主体相和谐的多种变型以适应不同的审美需要。

标准件的绘制把美的概念同合理性、紧凑性、实用性、经济性结合起来,不完全按照它们的真实投影画图,而是运用一些简化和示意的画法及标记表示。简化画法既达到了全面、准确表达图样的目的,又体现了简明、巧妙的艺术品质。

在绘制时,采用的简化和示意画法及标记表示在标准中都做了明确的规定,按照统一标准绘制的标准件与常用件,不仅给人以统一、规范的美感,而且可以保证所绘制的图纸真正成为工程交流的语言。工程制图的学习内容可分为画图和读图两个部分,具体来说就是既要设计者用最简捷、最清晰的图样来反映自己的设计意图,又要读图人快速、准确、全面地理解设计意图,这就要求工程技术人员画图时必须严格遵守相关的国家标准,并学会查阅有关的标准手册。

 习题

1.按照螺纹的用途,螺纹可分为哪几种? 粗牙普通螺纹属于哪一种?

2.螺纹紧固件都有哪些? 它们的标注形式包括哪些内容?

3.普通平键与钩头楔键的工作方式相同吗?

4.常用的销有哪几种?

5.通用滚动轴承的结构包括哪几部分? 使用滚动轴承的优点是什么?

6.请列举几种常见的弹簧,并举例说明它们在生产中的应用。

第7章 零件图

用以表达机器零件、指导生产的图样称为零件图。图7-1是一张主动轴的零件图。

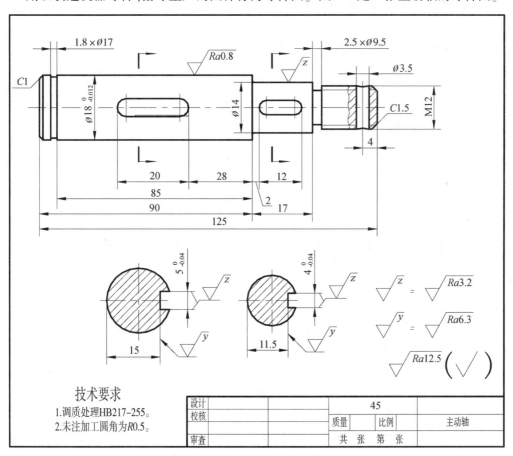

图7-1 主动轴的零件图

7.1 零件图的内容

零件图在生产中的作用是指导零件的生产,因为它是生产和检验零件的依据,所以应具有下列内容:

(1)一组视图——综合应用视图、剖视图、断面图等各种表达方法,将零件的结构形状正确、完整、清晰地表达出来；

（2）尺寸——正确、完整、清晰且合理地标注出确定零件结构形状的尺寸；

（3）技术要求——表明零件在制造和检验时应达到的技术要求，如表面粗糙度、尺寸公差、几何公差、热处理、表面处理及其他要求；

（4）标题栏——填写零件名称、数量、材料、图样比例、制图人和审核人的姓名、日期等内容。

7.2　零件图的视图表达

7.2.1　零件图的视图选择 ►►►►

零件图的视图表达是零件图的最基本和最重要的内容之一，应在分析零件结构形状特点的基础上，选用适当的表达方法，完整、清晰地表达出零件各部分的结构形状。主视图的选择是视图表达的关键。

7.2.1.1　主视图的选择

主视图的选择，一是确定主视图的投影方向，二是确定它的安放位置，需要考虑以下原则：

（1）形体特征原则

应选择最能显示零件形体特征的方向作为主视图的投影方向，主视图应能较突出地反映出零件各组成部分的形状和相互位置关系。

（2）加工位置或工作位置原则

根据零件在金属切削机床上的主要加工位置或零件在机器中的工作位置来确定主视图，这样便于在零件加工时或分析零件在机器中的工作情况时看图。

当零件的加工位置多变时，可根据其在机器中的工作位置确定。

应用上述原则选择主视图时，必须根据零件的结构特点、加工和工作情况做具体分析、比较。此外，还应考虑有效地利用图纸幅面。

7.2.1.2　其他视图的选择

当零件的主视图选定后，再分析主视图中未表示清楚的结构形状，还需增加哪些视图，并考虑尺寸标注等要求，选择适当的其他视图、局部视图、剖视图和断面图等，将零件表达清楚。

零件的视图表达取决于零件的结构形状，最佳表达方案的选择需要合理而灵活地应用各种表达方法，使每个视图都有表达的重点，几个视图互相补充而不重复。在充分表达清楚零件结构形状的前提下，尽量减少视图的数量，方便制图与读图。

7.2.2　典型零件的表达方法 ►►►►

尽管机器零件的形状各式各样，但按其结构形状特点可将其分为四类，即轴套类零件、轮盘类零件、叉架类零件和箱体类零件。每一类零件应根据自身结构特点来确定它的表达方法。

7.2.2.1 轴套类零件的表达方法

图 7-2 所示的阀杆、轴、曲轴、柱塞套均为轴套类零件。这类零件结构的主体由具有公共轴线的数段回转体组成，一般起支撑转动零件、传递动力的作用。根据设计和工艺的要求，在零件表面上常带有键槽、退刀槽、砂轮越程槽、轴肩、倒角、圆角、销孔、螺纹及小平面等结构要素。

这类零件主要在车床和磨床上加工，所以主视图按加工位置选择。画图时，将零件的轴线水平放置，便于加工时看图。

根据轴套类零件的结构特点，结合尺寸标注，一般只用一个基本视图表示。如图 7-1 所示的轴，只用了一个主视图，标注上直径尺寸后，轴上各段圆柱体的形状就确定了。两个键槽放在轴线的正前方，可以反映它们的长度和宽度，其深度用两个移出断面来表示。轴上右端螺纹部分的销孔，用局部剖视画出。

轴上左端的挡圈槽和右端的退刀槽很小，不易表达清楚，不方便标注尺寸，所以采用了两个局部放大图表示。

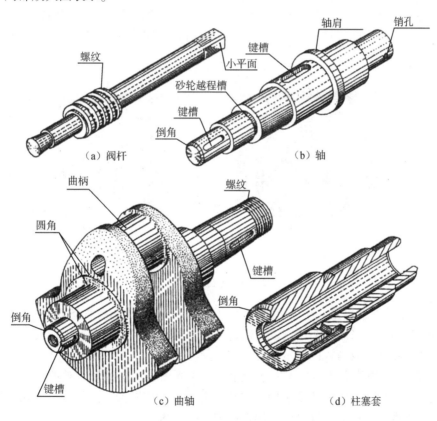

图 7-2　轴套类零件

图 7-3(a)是柴油机的曲轴，比一般的阶梯轴多了曲柄部分，所以选用了右视图表达

曲柄结构。其他结构要素的表达方法与阶梯轴相同。

图 7-3（b）是柴油机喷油泵的柱塞套。套类零件的视图表达与轴类零件大致相同，只是套类零件是中空的。图中主视图表达外形，俯视图采用全剖视图表达内孔。

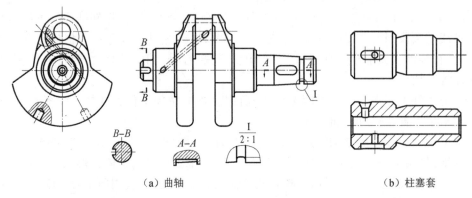

（a）曲轴 （b）柱塞套

图 7-3 轴套类零件的视图表达

7.2.2.2 轮盘类零件的表达方法

图 7-4 所示的手轮、端盖属于轮盘类零件。这类零件的主体结构是同轴线的回转体或其他平板形，其厚度相对直径来说比较小，呈盘状。根据设计和工艺要求，在零件上有孔、键槽、轮辐等结构。

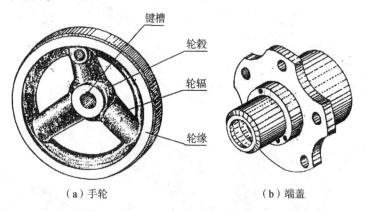

（a）手轮 （b）端盖

图 7-4 轮盘类零件

轮盘类零件通常也是在车床上加工，为了便于看图，在选择主视图时，应按加工位置将轴线水平放置，并采用适当剖视表达内部结构及相对位置。对零件上的孔、键槽、轮辐等结构，采用左视图或右视图表示，如图 7-5 所示。

图 7-5（a）是用两个基本视图表达的手轮。主视图表达轮缘和轮毂的断面形状和轮辐的厚度，并用局部剖视表达装手柄的圆孔。用 A-A 移出断面表达轮辐的断面形状。轮辐的数量、宽度及键槽的宽度和深度用左视图进行表达。

图 7-5（b）是端盖的两个基本视图。为了表达凸台上的通孔，主视图采用了两个以上相交的剖切平面剖开端盖。左视图表达端盖的外形和孔的分布情况。

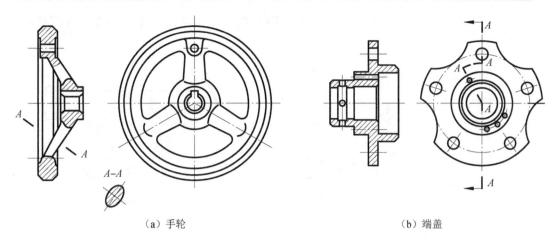

（a）手轮　　　　　　　　　　　　（b）端盖

图 7-5　轮盘类零件的视图表达

7.2.2.3　叉架类零件的表达方法

图 7-6 所示的摇杆、摇臂均为叉架类零件。这类零件比较复杂，不太规则，一般由支撑部分、工作部分和连接部分构成。连接部分为了增加强度和刚度，一般都有肋板或加强板等结构。

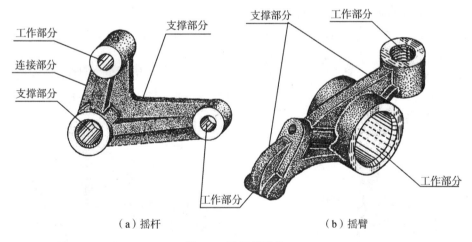

（a）摇杆　　　　　　　　　　　　（b）摇臂

图 7-6　叉架类零件

叉架类零件的毛坯多为铸件或锻件，加工工序较多，且加工位置多变，因此一般选用能体现零件形体特征的支撑部分和工作部分位置视图，通常按工作位置放置。视图的数量视零件的结构形状而定。

图 7-7(a)是摇杆的视图表达。摇杆由长臂、短臂组成，为了反映它的形状特征，在主视图中将长臂放在水平位置。为了显示长臂形状，俯视图做水平剖切画成局部剖视图，使投影简化。用单一剖切面 A-A 做斜剖视图，表达短臂的结构。B-B 移出断面表达短臂肋板的厚度。

图 7-7(b)用一个主视图表达摇臂的形状特征。用 E 局部视图表达斜面的形状和油

孔的位置。由于摇臂沿长度方向的形状不规则，因此采用 4 个移出断面表达各部位的形状。

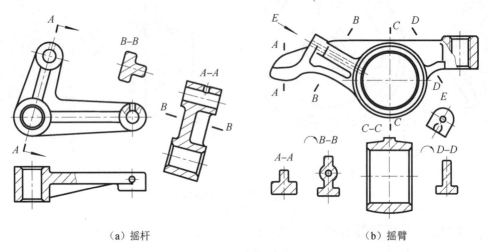

（a）摇杆　　　　　　　　　　　　　　　　（b）摇臂

图 7-7　叉架类零件的视图表达

7.2.2.4　箱体类零件的表达方法

图 7-8 所示的阀体、箱体均为箱体类零件。这类零件是机器或部件的主体零件，主要用于支撑、包容运动零件或其他零件，因此结构形状比较复杂。其内部有空腔、各种用途的孔和凸台、凹坑等常见的结构要素。

箱体类零件的毛坯多为铸件，加工工序较多，且加工位置多变，选择主视图时，主要体现形体特征，并按工作位置放置。其他视图数量一般较多，应根据零件的不同结构形状采取适当的表达方法。

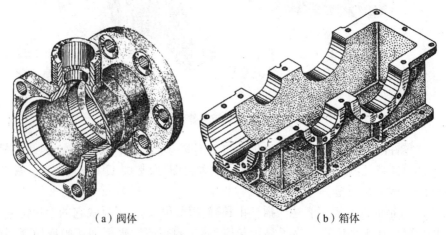

（a）阀体　　　　　　　　　　　　　　　　（b）箱体

图 7-8　箱体类零件

图 7-9(a)是阀体的视图表达。阀体外形较简单，为了表达内腔的结构形状，主视图采用全剖。A–A 左剖视图表达右侧圆形法兰上 6 个孔的分布。K 向视图表达左侧方形法

兰上 4 个螺孔的分布。该法兰的厚度用 B-B 剖视图表达。

图 7-9(b)是箱座的视图表达。选用了三个基本视图和 A-A 剖视图及 B-B 局部剖视图。因为箱体内部结构形状比较简单,所以主视图采用局部剖视图便清晰地表达了箱体内、外形状。俯视图也采用了局部剖视图表达地板上的螺栓孔。

同一个零件,所采用的表达方案也会有所不同,但必须以表达完整、清晰、简单易懂为原则。

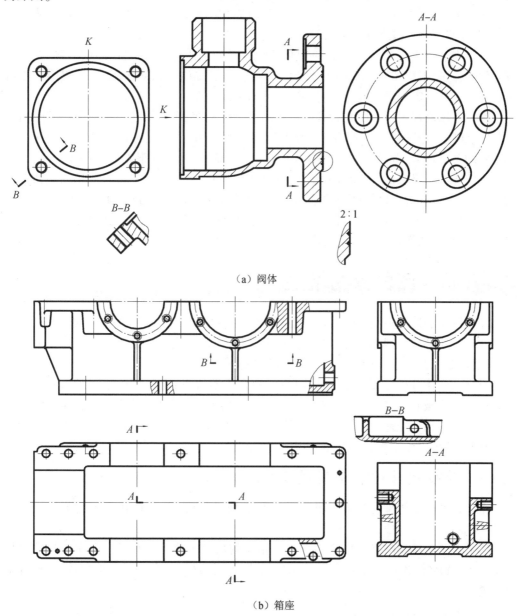

（a）阀体

（b）箱座

图 7-9　箱体类零件的视图表达

美学延伸:零件图用以表达机器零件,并指导生产,直接反映设计者的产品设计意图。在产品多样化的社会环境下,技术产品不仅需要实现自身的实用功能,也成为人们的审美对象,产品的美不再是锦上添花,而是生存的必需品。

造型设计过程是典型的形象思维创作过程,通过形象思维,运用工程技术和美学知识将点、线、面有机地组合成优美的平面图形和空间形体。这一过程是空间想象、空间分析和空间组合的过程,也是形象思维对客观美的感受过程。创造者的设计意图需要通过工程图样来表达,美的产品设计只有与工程图样相结合才能在产品中显示它的艺术魅力;而图样只有融入美学才能使设计变得完美。

所以表达美应包含两个方面:一是体现设计者的创造意图,这是产品的美;二是表达方式的美,这是工程图样本身的美。产品的美取决于文化意识的积淀,而工程图样本身美的表达能在一定程度上反映出对制图课程的掌握程度。

在零件图的视图内容中蕴含着图面布局、奇异美。图面布局是指各视图在其图面中的位置、间隔,以及图线、字体、标注、作图比例等的选用,是决定画出的视图能否达到整体美感的关键环节;奇异美是指事物的美非常出人意料,既引起很大的惊愕和诧异,又引起很大的赞赏与叹服,从而给人以新奇、神秘、趣味和动静的美感。富于变化的事物是美的,富于变化的图形可以拓展想象空间,进一步提高空间想象能力和读图能力。

图形质量是最基本的美的特征,没有漂亮的图样也就没有优美的产品造型设计,所以,制图课程对图面质量有严格要求。

零件图尺寸标注

7.3　零件图的尺寸标注

零件图中的尺寸是制造零件的依据,因此,零件图的尺寸标注,除了要做到正确、完整、清晰外,还必须合理,即标注的尺寸,既要满足设计要求,以保证机器的工作性能和质量,又要满足工艺要求,以便于加工制造和检测。

只要用形体分析法分析零件结构形状,结合所学的“组合体的尺寸注法”,并遵照国家标准关于机械制图尺寸注法的规则标注尺寸,就能满足尺寸标注正确、完整、清晰的要求。要真正做到合理地标注尺寸,还需要有一定的设计和制造工艺的专业知识及实际的生产经验,这里仅介绍有关的基本知识。

7.3.1　主要尺寸和非主要尺寸 》》》》

主要尺寸包括零件的规格性能尺寸、有配合要求的尺寸、确定相对位置的尺寸、连接尺寸、安装尺寸等,一般都有公差要求。

零件上不直接影响其使用性能和安装精度的尺寸为非主要尺寸。非主要尺寸包括外形尺寸、无配合要求的尺寸、工艺要求的尺寸,如退刀槽、凸台、凹坑、倒角等,一般都不注公差。

7.3.2　尺寸基准 》》》》

尺寸基准是指零件在机器中或在加工测量时,用来确定零件本身点、线、面位置所需的点、线、面。它通常可分为设计基准和工艺基准两类。

设计基准是根据零件在机器中的作用和结构特点,为保证零件的设计要求而选定的基准。它用以确定零件在机器中的正确位置。

工艺基准是指零件在加工和测量过程中所依据的基准。

以设计基准标注尺寸,可以满足设计要求,便于保证零件在机器中的作用;以工艺基准标注尺寸,可以满足工艺要求,方便了加工和测量。

在设计和制造过程中,尽可能使设计基准和工艺基准重合。当出现矛盾时,一般应保证直接影响产品性能、装配精度及互换性的尺寸以设计基准标注,其他尺寸以工艺基准标注。

在标注尺寸时首先要在零件的长度、宽度、高度三个方向至少各选一个基准,称为主要基准。为了加工和测量方便,有时还要增加一些辅助基准,用以间接确定零件上某些结构的相对位置和大小。但辅助基准和主要基准之间必须有一定的尺寸联系。

图 7-10 是前述主动轴在标注尺寸时,根据设计要求,在长度、宽度、高度三个方向选择的主要基准和辅助基准的示意图。

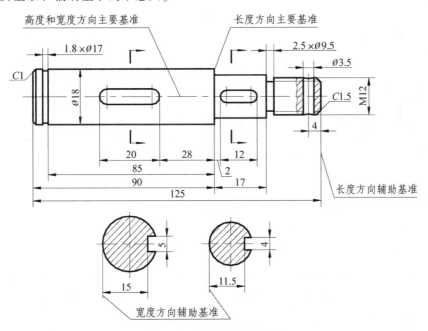

图 7-10　主动轴的尺寸基准

7.3.3　尺寸数及尺寸排列形式 ▶▶▶▶

当零件的结构形状确定之后,所需要标注的尺寸数量也随之而定。从图 7-11 所示一销轴的尺寸排列形式可以看出,根据其结构形状,只需要 6 个尺寸,即 3 个直径尺寸和 3 个长度尺寸。尺寸的排列形式是指线性尺寸,可分为以下三类(如图 7-11 所示)。

7.3.3.1 坐标式

坐标式的尺寸排列形式是所有线性尺寸都从同一基准面注出,如图 7-11(a)所示。其特点是每个线性尺寸的精度不受其他加工误差的影响。但是,从同一基准注出的两个线性尺寸之差的那段尺寸,其误差等于两线性尺寸加工误差之和。

因此,坐标式常用于各端面与一个基准面保持较高尺寸精度要求的情况。当要求保证相邻两个几何要素间的尺寸精度时,不宜采用坐标式。

7.3.3.2 链接式

链接式的尺寸排列形式为首尾依次连接注写成链条式,如图 7-11(b)所示。这样前一尺寸的末端即为后一尺寸的基础。其优点是每个尺寸的精度只取决于本身的加工误差,而不受其他尺寸误差的影响。总长的加工误差则是各段尺寸的加工误差总和。

因此,链接式尺寸注法,多用于对每一线性尺寸的加工精度要求高,而对各端面之间的位置精度和总长的精度要求不高的情况。在零件图中常用于孔的中心距及其定位尺寸。

7.3.3.3 综合式

综合式的尺寸排列形式是坐标式与链接式的综合,如图 7-11(c)所示。它兼有两种排列形式的优点,实际尺寸标注时用得最多。

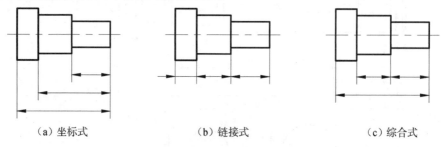

（a）坐标式　　　　　　　（b）链接式　　　　　　　（c）综合式

图 7-11　尺寸的排列形式

如图 7-12 所示,若销轴的三段长度按链接式标注后,再加注一个总长尺寸,就形成一环接一环又首尾相接的封闭尺寸链。封闭尺寸链无法同时保证 4 个尺寸的精度,不能进行加工,因此,零件图上的尺寸不允许注成封闭尺寸链的形式。

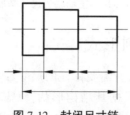

图 7-12　封闭尺寸链

为了保证每个尺寸的精度要求,通常对尺寸精度要求最低的一环空出不注,成为开口环。这样,各段尺寸的加工误差最后都累计在开口环上,这种开口尺寸链的形式,即为综合式尺寸注法。

7.3.4　合理标注尺寸应注意的问题▶▶▶▶

7.3.4.1　主要尺寸应直接从主要基准标注

零件上的主要尺寸,一般应从主要基准直接注出,以保证尺寸的合理精度,避免加工误差的积累。如图 7-10 所示的主动轴的轴径尺寸为 $\varnothing18$,轴向尺寸为 85、17 等。

7.3.4.2　标注尺寸要符合加工顺序

按加工顺序标注尺寸,便于看图、测量,且容易保证加工精度。如图 7-13(a)所示的轴的加工顺序一般如图 7-13(b)、(c)、(d)、(e)所示。

(1)先下料,截取长度为 45 的棒料,车外圆 $\varnothing12$;

(2)车 $\varnothing8$,长度为 28;

(3)在离右端面 15 处车 $\varnothing7$、宽为 1.8 的退刀槽;

(4)最后车螺纹和倒角。

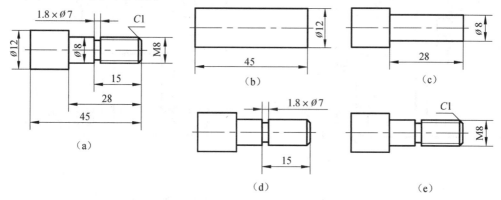

图 7-13　阶梯轴的尺寸标注与加工顺序

7.3.4.3　尺寸标注要便于测量

图 7-14(a)中的尺寸"B"不便测量,如果按图 7-14(b)标注,则较好。

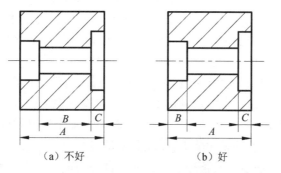

图 7-14　尺寸标注要便于测量

7.3.4.4 铸件和锻件主要按形体分析法标注尺寸

对于铸件，一般先制作木模，木模是由许多基本体构成的，因此，对铸件的不加工部分，可以采用分解形体的方法标注尺寸。

铸件、锻件中所有不进行加工的毛面之间，应该用一组尺寸联系着，这组尺寸与加工表面之间，在同一方向上，一般只能与一个尺寸建立联系。

如图7-15(a)所示，它是一组毛面尺寸H_1、H_2、H_3、H_4、H_5、H_6，用尺寸L_2与底面的加工表面相联系；另一加工尺寸L_3是以参考尺寸出现的，这是合理的尺寸注法。图7-15(b)的注法是错误的。因为毛坯表面制造误差较大，加工表面不可能同时保证对一个以上非加工表面的尺寸要求。

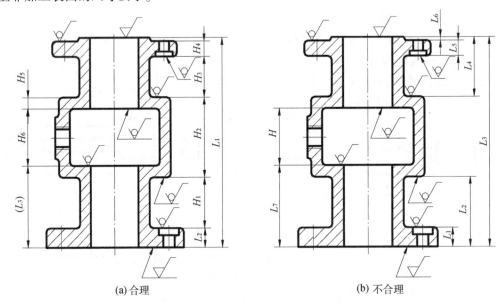

(a) 合理　　　　　　　　　　　　　　(b) 不合理

图7-15 零件加工表面膜与非加工表面间的尺寸联系

美学延伸：零件图中的尺寸是制造零件的依据，因此，零件图的尺寸标注，除了要做到正确、完整、清晰外，还必须合理，即标注的尺寸，既要满足设计的要求，以保证机器的工作性能和质量，又要满足工艺要求，以便于加工制造和检测。

美学理论家说："美在于价值。"只有形式美和功能美相统一才是美的更高境界。产品失去其物质功能也就失去了其存在的价值。《机械制图》的最终目的是用最简洁、最清晰的图样准确地表达设计者的意图，反过来讲也就是能让读图者以最快的速度读懂图纸所表达的内容。如零件图的尺寸标注，除了诸如完备、清晰、符合国家标准等形式美外，还要在满足设计要求的前提下尽量满足工艺要求与检测要求。重要尺寸应直接注出，同时还要方便检验人员检验，无须进行尺寸换算，能减少加工误差和检测误差，提高加工精度，从而提高生产效率，这便是功能美，功能美才是美的升华，是美的精华。

秩序是指次序、常态、规则、条理。人类针对自身的弱点建立了秩序，受益于秩序，也欣赏这一秩序，在此基础上产生了秩序美。秩序美是美中之最，比自然美、艺术美更耀眼。秩序美在机械制图中蕴含于大小相同、间隔相等、横平竖直的严格模式中。《机械制图》规定在标注尺寸时：互相平行的尺寸线之间的间隔尽量保持一致，一般为 8~10 mm；尺寸线与尺寸线之间或者尺寸线与尺寸界线之间以及尺寸线与轮廓线之间应尽量避免相交；在标注并联尺寸时，应将小尺寸放在里面，大尺寸放在外面。这些都是为图面的清晰、和谐、美观而人为制定的一些规定即秩序。从秩序美的角度理解尺寸标注的诸多规定比死记硬背效果好得多，标注尺寸时就容易自觉遵守这些规定，达到正确、完备、清晰、美观。

7.4 零件上常见的工艺结构及其尺寸标注

零件的结构形状主要是根据它在机器中的作用设计的，但也有一些结构考虑了加工、测量、装配等制造过程的工艺要求，这类结构称为工艺结构。

7.4.1 铸件上常见的工艺结构

7.4.1.1 拔模斜度与铸造圆角

为了制造时便于将木模从沙型中取出，顺着起模方向在木模的内表面、外表面做出一定的斜度，称为拔模斜度，如图 7-16(a)所示。若斜度很小，则在图上可不画出；若斜度较大，则应画出[如图 7-16(b)所示]。

为了防止做沙型时落沙及铸造时金属冷却收缩而产生裂纹和缩孔，在铸造零件的转角处应有圆角，称为铸造圆角。若铸件转角处，有一表面经机械加工，则圆角消失而成尖角，如图 7-16(b)所示。

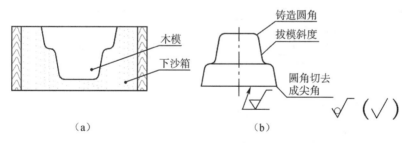

图 7-16 铸造圆角和拔模斜度

铸件上有铸造圆角存在，因而铸件表面上的相贯线就不明显了，这样的相贯线称为"过渡线"。过渡线的画法和相贯线一样，按没有圆角的情况，画到理论交点为止。由于圆角的出现，图上过渡线和圆角弧线间形成了间隙，如图 7-17 所示。

铸造圆角的尺寸可在技术要求中统一注明，如："未注铸造圆角 $R3~R5$"，或"全部圆角为 $R3$"等。

7.4.1.2 铸件壁厚

为了防止铸件在浇注时由于壁厚不均匀导致冷却速度不同而产生裂纹和缩孔，铸件

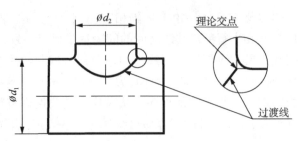

图 7-17　过渡线

的壁厚应尽量保持均匀,不同壁厚要逐渐过渡,如图 7-18 所示。

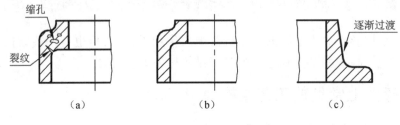

（a）　　　　　　　　　（b）　　　　　　　　　（c）

图 7-18　铸件壁厚

7.4.2　机械加工零件上常见的工艺结构 ▶▶▶▶

7.4.2.1　倒角和圆角

为了便于装配和去掉切削加工时产生的毛刺锐边,轴或孔的端部一般都加工成倒角。为了避免因应力集中而产生裂纹,常把轴肩、孔肩处加工成圆角,如图 7-19 所示。

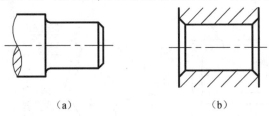

（a）　　　　　　　　　　　（b）

图 7-19　倒角和圆角

7.4.2.2　退刀槽和砂轮越程槽

为了切削加工时退出刀具,或保证装配时相关零件能靠紧,常在零件待加工部位的末端预先加工出退刀槽和砂轮越程槽,如图 7-20 所示。

7.4.2.3　钻孔

钻头的锥角近似为 120°,因此,钻孔如无特殊要求,则不通孔的孔端或阶梯孔的过渡处皆有 120°的锥角或截锥面,如图 7-21 所示。

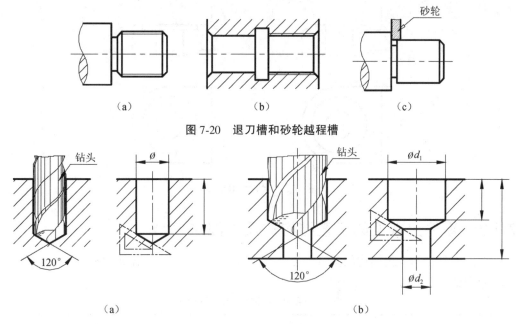

（a）　　　　　　　　　　（b）　　　　　　　　　　（c）

图 7-20　退刀槽和砂轮越程槽

（a）　　　　　　　　　　　　　　　　（b）

图 7-21　钻孔的结构

7.4.2.4　凹坑和凸台

零件上凡与其他零件接触的表面，一般都要进行切削加工，为了保证接触良好及降低加工成本，设计时应注意减少加工面积。如底面设计成图 7-22 所示的形状是合理的。

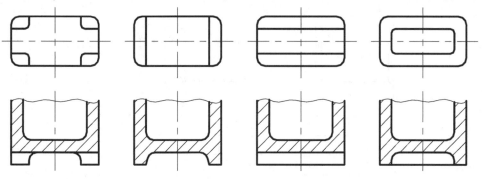

图 7-22　底面的结构形状

同理，在铸件上与螺栓、螺母相接触的表面也常设计出凸台或凹坑，然后对凸台或凹坑表面进行加工，这样以保证螺栓、螺母的良好接触，并减少加工面积，如图 7-23 所示。

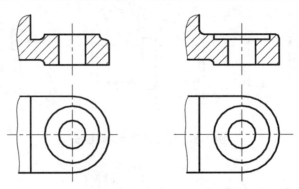

图 7-23　凸台和凹坑

7.4.3　零件上常见的工艺结构的尺寸注法 >>>>

零件上常见的工艺结构的尺寸注法已经格式化,倒角、退刀槽及各种常见孔的尺寸注法分别如表 7-1 和表 7-2 所示。

表 7-1　倒角、退刀槽的尺寸注法

名称	尺寸标注方法			说明
倒角	$C1$　$C1$　30° 1　$C1$　30° 2			一般 45° 倒角按"C 倒角宽度"注出。30° 或 60° 倒角,应分别留出宽度和角度
退刀槽	2×1　$2\times\varnothing10$			一般按"槽宽×槽深"注出或"槽宽×直径"注出

表 7-2　常见孔的尺寸注法

名称	旁注法		普通注法	说明
螺孔	3×M6	3×M6	3×M6	3×M6 表示公称直径为 6，均匀分布的 3 个螺孔
	3×M6▽10 ▽12	3×M6▽10 ▽12	3×M6	"▽"为深度符号。 3×M6▽10： 表示螺孔深 10。 ▽12： 表示钻孔深 12
	3×M6▽10	3×M6▽10	3×M6	如对钻孔深度无一定要求，可不必标，一般加工到比螺孔稍深即可
光孔	4×∅6▽10	4×∅6▽10	4×∅6	4×∅6 表示直径为 6，均匀分布的 4 个光孔
沉孔	4×∅7 ∨∅13×90°	4×∅7 ∨∅13×90°	90° ∅13	"∨"为埋头孔符号。锥形孔的直径 ∅13 及锥角 90°均需注出
	4×∅6.4 ⊔∅12▽4.5	4×∅6.4 ⊔∅12▽4.5	∅12　4.5 4×∅6.4	"⊔"为沉孔及锪平孔的符号

续表

名称	旁注法		普通注法	说明
沉孔	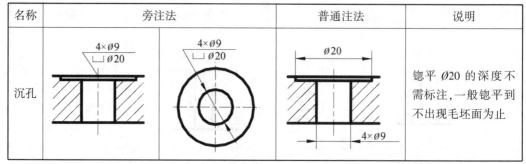			锪平 Ø20 的深度不需标注，一般锪平到不出现毛坯面为止

美学延伸：零件图的结构形状应满足设计要求和工艺要求。在进行产品的零件结构设计时既要考虑工业美学、造型学，更要考虑工艺可能性，否则将使制造工艺复杂化，甚至无法制造或造成废品。

7.5 零件图上的技术要求

零件图上要注写技术要求，这是制造零件时应达到的质量要求，其内容包括表面粗糙度、尺寸公差、几何公差、材料的热处理和表面处理要求等。其中表面粗糙度、尺寸公差、几何公差，应按规定用数字、代号或符号注写在图上，其他则在图样的空白处用文字简要说明。

7.5.1 表面粗糙度》》》》

7.5.1.1 表面粗糙度的概念

表面粗糙度是指加工表面上具有间距较小的峰谷所组成的微观几何形状特征，是评定零件表面质量的一项重要指标。

零件的表面在机器中所起的作用和情况不同，对粗糙度的要求也不同，如零件的自由表面一般可比接触表面粗糙，而为保证零件的高尺寸精度及稳定的配合性质，则表面要光滑些，对需要耐腐蚀、耐疲劳的表面及装饰面都要求高些。

不同粗糙度的表面是用不同的加工方法得到的，加工成本不同，所以在满足零件表面使用要求的条件下，应经济、合理地选用表面粗糙度等级。

表面粗糙度评定参数有两个：轮廓算术平均偏差——Ra；轮廓最大高度——Rz。使用时优先选用 Ra。

轮廓算术平均偏差 Ra 是指在取样长度 lr（用于判别具有表面粗糙度特征的一段基准线长度）内，被评定轮廓在任一位置至 x 轴的纵坐标值 $Z(x)$ 绝对值的算术平均值，如图 7-24 所示。

轮廓最大高度 Rz 是指在一个取样长度内最大轮廓峰高和最大轮廓谷深之和，如图 7-24 所示。

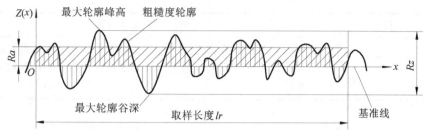

图 7-24 评定轮廓的轮廓算术平均偏差 Ra 和轮廓的最大高度 Rz

Ra 的数值愈小,零件表面愈光滑;数值愈大,零件表面愈粗糙。表 7-3 列出了部分表面粗糙度参数 Ra 数值的应用举例。

表 7-3 表面粗糙度参数 Ra 数值的应用举例

Ra 数值/μm	应用举例
100,50,25	粗车、粗刨、粗镗、钻孔及切断等经粗加工的表面
12.5	螺栓穿孔、铆钉孔表面、支架、箱体等零件中不与其他零件接触的表面
6.3	箱体、支架、盖子等的接触表面(但不形成配合关系),齿轮的非工作面,平键槽的侧面
3.2	IT9~IT11 的配合表面,销钉孔,滑动轴孔,G 级滚动轴承配合座孔,拨叉的工作面,精度不高的齿轮工作面
1.6	IT6~IT8 的配合表面,滚动轴承座孔,涡轮、套筒、齿轮的配合工作面
0.8	IT6 的轴,IT7 的孔,保持稳定可靠配合性质的配合表面,高精度的齿轮工作面,传动丝杠的工作面,曲轴、凸轮轴的工作轴颈

7.5.1.2 表面粗糙度的标注

(1)图形符号

在图样上表示零件表面粗糙度的图形符号如表 7-4 所示,图形符号的画法如图 7-25 所示。

表 7-4 表面粗糙度的图形符号

符号	意义及说明
	基本符号:表示表面可用任何方法获得。当不加注粗糙度参数值或有关说明时,该符号仅用于简化代号标注
	扩展符号:基本符号加一短横,表示表面是用去除材料方法(车、铣、刨、磨、钻、抛光、腐蚀、电火花加工等)获得的
	扩展符号:基本符号上加一圆圈,表示表面是用不去除材料的方法(如铸、锻、冲压、冷热轧,粉末冶金等)获得的
	完整符号:在上述三个符号的上边加一横线,在横线的上、下可标注有关参数和说明。之上标注加工方法,之下标注粗糙度参数等

续表

符号	意义及说明
	相同要求符号：在完整符号的长边与横线相交处加一圆圈，在不会引起歧义时用来表示某视图上构成封闭轮廓的各表面具有相同的表面度要求

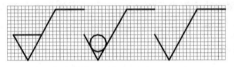

$d'=\dfrac{h}{10}$，$H_1=1.4h$，$H_2=3h$（最小值），h为字高

图 7-25　表面粗糙度图形符号的画法

（2）基本注法

表面粗糙度在同一图样上，每一表面一般只标注一次，并应尽可能标注在具有确定该表面大小或位置的视图的轮廓线（包括棱边线）上，标注在轮廓线的延长线上或指引线上。其注写和读取方向要与尺寸的注写和读取方向一致，如图 7-26 所示。

必要时也可标注在特征尺寸的尺寸线上或几何公差的框格上，如图 7-27 所示。

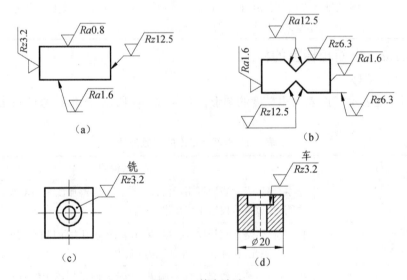

图 7-26　基本注法

（3）简化注法

①当零件所有表面具有相同粗糙度要求时，应统一标注在图样的标题栏附近，如图 7-28 所示。

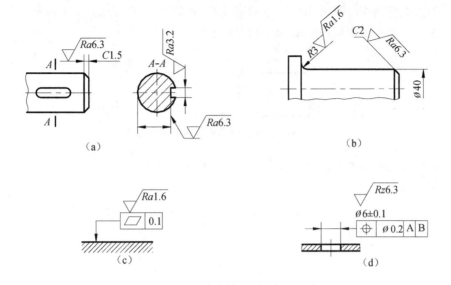

（a）　　　　　　　　　　　　　　（b）

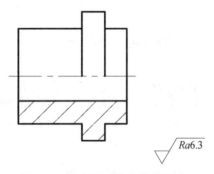

（c）　　　　　　　　　　　　　　（d）

图 7-27　在特征位置上的注法

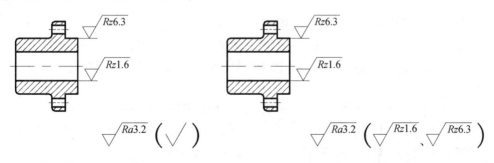

图 7-28　全部要求都相同的注法

②当零件的大部分表面具有相同表面粗糙度要求时，应统一标注在图样的标题栏附近，而且要在符号后面加以圆括号，如图 7-29 所示。

（a）圆括号内给出基本符号　　　　　　（b）圆括号内给出不同表面粗糙度要求

图 7-29　多数表面有相同要求时的注法

③当图纸空间有限时可用带字母的完整符号，以等式的形式在图形或标题栏附近，将相同表面粗糙度要求标注出来，如图 7-30 所示。

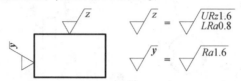

图 7-30　在图纸空间有限时的简化注法

④也可用基本符号或扩展符号以等式的形式给出多个表面共同的表面粗糙度要求，如图 7-31 所示。

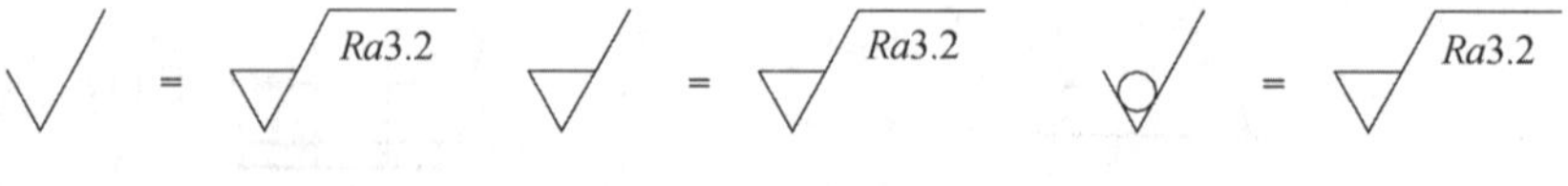

（a）　　　　　　　　　（b）　　　　　　　　　（c）

图 7-31　多个同样表面粗糙度要求的简化注法

7.5.2　极限与配合 》》》》

极限与配合，是零件图和装配图中的一项重要的技术要求，也是检验产品质量的技术指标和实现互换性的重要基础。

互换性是指当装配一台机器或部件时，从一批规格相同的零件中任取一件，不经修配就能装到机器或部件上，并能保证使用要求。零件具有互换性，不仅给机器的装配、维修带来方便，而且满足现代化生产广泛协作的要求，为大批量和专门化生产创造条件，从而缩短生产周期，提高劳动效率和经济效益。

在实际生产制造机械零件时，不能要求零件的尺寸加工得绝对准确，而是根据设计和工作的需要，将其误差统一按国家标准《极限与配合》（GB/T 1800.1—2009、GB/T 1800.2—2009、GB/T 1801—2009)控制在一个合理的范围内。现将其基本内容和规定介绍如下：

7.5.2.1　公差的相关术语及定义

（1）公称尺寸：由图样规范确定的理想形状要素的尺寸，即设计给定的尺寸。

（2）提取组成要素的局部尺寸：一切提取组成要素上两对应点之间的距离统称，即实际测量获得的尺寸。

（3）极限尺寸：尺寸要素允许的两个极端，为上极限尺寸和下极限尺寸。

上极限尺寸：尺寸要素允许的最大尺寸（如图 7-32 所示）。

下极限尺寸：尺寸要素允许的最小尺寸（如图 7-32 所示）。

（4）零线：在极限与配合图解中，表示公称尺寸作的一条直线，以其为基准确定偏差和公差。零线以上为正偏差，零线以下为负偏差。

（5）偏差：某一尺寸减公称尺寸所得的代数差，可以为正数、负数或零。

（6）极限偏差：上极限偏差和下极限偏差。上极限尺寸减公称尺寸为上极限偏差；下极限尺寸减公称尺寸为下极限偏差。

国家标准规定用代号 ES 和 EI 分别表示孔的上极限偏差、下极限偏差；用代号 es 和 ei 分别表示轴的上极限偏差、下极限偏差。

（7）尺寸公差（简称公差）：允许尺寸的变动量。公差等于上极限尺寸与下极限尺寸代数差的绝对值，也等于上极限偏差与下极限偏差代数差的绝对值。其值是不为零的正数。

上述"公称尺寸"、"极限尺寸"、"偏差"以及"尺寸公差"之间的关系如图 7-32 所示。

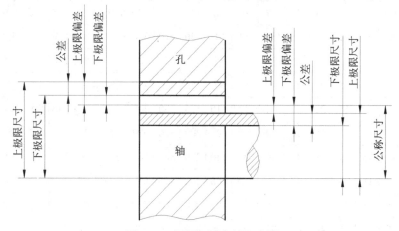

图 7-32　极限与配合的示意图

（8）标准公差（IT）：本标准极限与配合中，所规定的任一公差。其数值查阅表 7-5。

（9）标准公差等级：本标准极限与配合中，同一公差等级（如 IT7）对所有公称尺寸的被认为具有同等精确程度。公差越大其精度越低，公差越小其精度越高。确定尺寸精度的等级为公差等级，其共有 20 个等级，由高到低为 IT01、IT0、IT1、IT2、…、IT18。一般 IT5~IT12 用于配合尺寸，IT01~IT4 用于量规，IT13~IT18 用于非配合尺寸。

表 7-5　标准公差部分数值

公称尺寸/mm		标准公差部分等级																
		IT1	IT2	IT3	IT4	IT5	IT6	IT7	IT8	IT9	IT10	IT11	IT12	IT13	IT14	IT15	IT16	IT17	IT18
大于	至	μm											mm						
—	3	0.8	1.2	2	3	4	6	10	14	25	40	60	0.1	0.14	0.25	0.4	0.6	1	1.4
3	6	1	1.5	2.5	4	5	8	12	18	30	48	75	0.12	0.18	0.3	0.48	0.75	1.2	1.8
6	10	1	1.5	2.5	4	6	9	15	22	36	58	90	0.15	0.22	0.36	0.58	0.9	1.5	2.2
10	18	1.2	2	3	5	8	11	18	27	43	70	110	0.18	0.27	0.43	0.7	1.1	1.8	2.7
18	30	1.5	2.5	4	6	9	13	21	33	52	84	130	0.21	0.33	0.52	0.84	1.3	2.1	3.3
30	50	1.5	2.5	4	7	11	16	25	39	62	100	160	0.25	0.39	0.62	1	1.6	2.5	3.9

续表

公称尺寸/mm		标准公差部分等级																	
大于	至	IT1	IT2	IT3	IT4	IT5	IT6	IT7	IT8	IT9	IT10	IT11	IT12	IT13	IT14	IT15	IT16	IT17	IT18
		μm											mm						
50	80	2	3	5	8	13	19	30	46	74	120	190	0.3	0.46	0.74	1.2	1.9	3	4.6
80	120	2.5	4	6	10	15	22	35	54	87	140	220	0.35	0.54	0.87	1.4	2.2	3.5	5.4
120	180	3.5	5	8	12	18	25	40	63	100	160	250	0.4	0.63	1	1.6	2.5	4	6.3
180	250	4.5	7	10	14	20	29	46	72	115	185	290	0.46	0.72	1.15	1.85	2.9	4.6	7.2
250	315	6	8	12	16	23	32	52	81	130	210	320	0.52	0.81	1.3	2.1	3.2	5.2	8.1
315	400	7	9	13	18	25	36	57	89	140	230	360	0.57	0.89	1.4	2.3	3.6	5.7	8.9
400	500	8	10	15	20	27	40	60	97	155	250	400	0.63	0.97	1.55	2.5	4	6.3	9.7
500	630	9	11	16	22	32	44	70	110	175	280	440	0.7	1.1	1.75	2.8	4.4	7	11
630	800	10	13	18	25	36	50	80	125	200	320	500	0.8	1.25	2	3.2	5	8	12.5
800	1 000	11	15	21	28	40	56	90	140	230	360	560	0.9	1.4	2.3	3.6	5.6	9	14
1 000	1 250	13	18	24	33	47	66	105	165	260	420	660	1.05	1.65	2.6	4.2	6.6	10.5	16.5
1 250	1 600	15	21	29	39	55	78	125	195	310	500	780	1.25	1.95	3.1	5	7.8	12.5	19.5
1 600	2 000	18	25	35	46	65	92	150	230	370	600	920	1.5	2.3	3.7	6	7.8	12.5	19.5
2 000	2 500	22	30	41	55	78	110	175	280	440	700	1 100	1.75	2.8	4.4	7	7.8	12.5	19.5
2 500	3 150	26	36	50	68	96	135	210	330	540	860	1 350	2.1	3.3	5.4	8.6	13.5	21	33

注1：公称尺寸大于 500 mm 的 IT1～IT5 的标注公差为试行。

注2：公称尺寸小于或等于 1 mm 时，无 IT14～IT18

（10）公差带：在公差带图解中，由代表上极限偏差和下极限偏差或上极限尺寸和下极限尺寸的两条线所限定的区域。它是由公差带的大小和其相对零线的位置如基本偏差来确定的（如图 7-33 所示）。

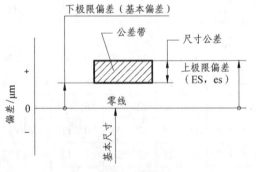

图 7-33 公差带图解

（11）基本偏差：公差带靠近零线的上极限偏差或下极限偏差。当公差带位于零线下方时，其基本偏差为上极限偏差；当公差带位于零线上方时，其基本偏差为下极限偏差。

国家标准分别对孔和轴的 28 个基本偏差系列做了规定，用拉丁字母表示，大写为孔，小写为轴，如图 7-34 所示。

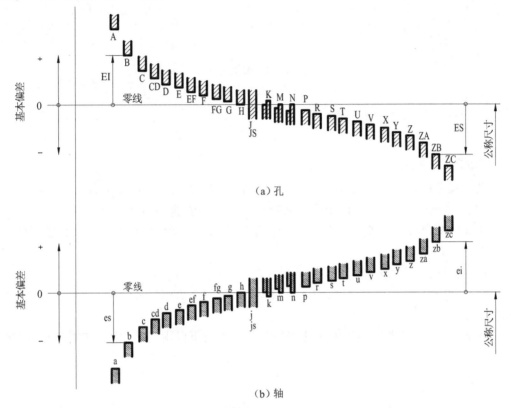

图 7-34　基本偏差系列示意图

基本偏差只是确定了公差带的位置，和公差带的大小无关，因而图 7-23 中公差带远离零线的一端是开口的，它取决于各公差等级的标准公差的大小。

（12）公差带代号：由基本偏差代号和公差等级代号组成。例如：

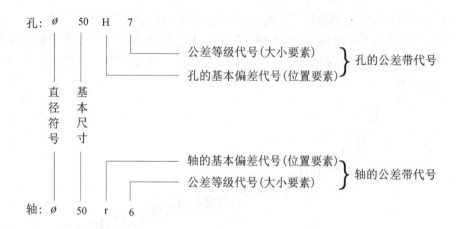

7.5.2.2　配合

公称尺寸相同的、相互结合的孔和轴公差带之间的结合关系叫作配合。

（1）配合分类：根据配合时出现的间隙和过盈的情况，配合分为三类。

①间隙配合：具有间隙（包括最小间隙为零）的配合。此时，孔的公差带在轴的公差带之上，如图7-35所示。

间隙：孔的尺寸减去相配合的轴的尺寸之差为正［如图7-35（a）所示］。

最小间隙：在间隙配合中，孔的下极限尺寸与轴的上极限尺寸之差［如图7-35（b）所示］。

最大间隙：在间隙配合中，孔的上极限尺寸与轴的下极限尺寸之差［如图7-35（b）所示］。

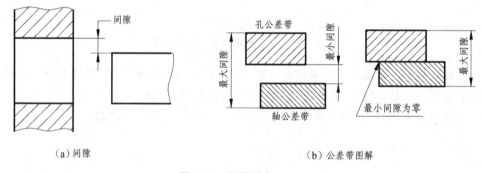

（a）间隙　　　　　　　　　　　　　　　（b）公差带图解

图7-35　间隙配合

②过盈配合：具有过盈（包括最小过盈为零）的配合。此时，轴的公差带在孔的公差带之上，如图7-36所示。

过盈：孔的尺寸减去相配合的轴的尺寸之差为负［如图7-36（a）所示］。

最小过盈：在过盈配合中，孔的上极限尺寸与轴的下极限尺寸之差［如图7-36（b）所示］。

最大过盈：在过盈配合中，孔的下极限尺寸与轴的上极限尺寸之差［如图7-36（b）所示]。

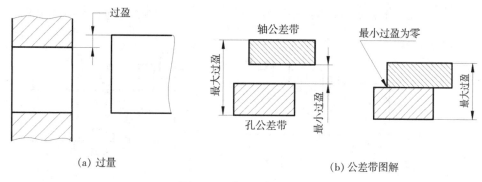

(a) 过量

(b) 公差带图解

图 7-36　过盈配合

③过渡配合:可能具有间隙或过盈的配合。此时,孔的公差带与轴的公差带相互交叠,如图 7-37 所示。

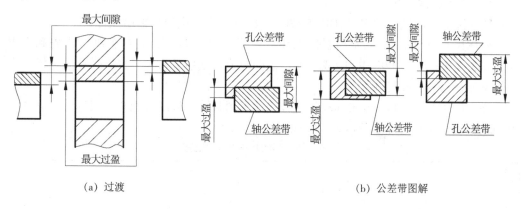

(a) 过渡

(b) 公差带图解

图 7-37　过渡配合

(2)配合公差:组成配合的孔与轴的公差之和。它是允许间隙或过盈的变动量。配合公差是一个没有符号的绝对值。

(3)配合制:同一极限制的孔和轴组成的一种配合制度。即在制造互相配合的零件时,使其中一种零件作为基准件,它的基本偏差固定,通过改变另一种零件的偏差来获得各种不同性质的配合制度。根据生产实际需要,国家标准规定了下列两种配合制:

①基孔制:基本偏差为一定的孔的公差带与不同基本偏差的轴的公差带形成各种配合的一种制度,如图 7-38(a)所示。

基孔制配合中的孔为基准孔,其基本偏差代号为 H,下极限偏差为零。

轴的基本偏差为 a 到 h 时与基准孔形成间隙配合;j 到 zc 时为过渡配合或过盈配合。

②基轴制:基本偏差为一定的轴的公差带与不同基本偏差的孔的公差带形成各种配合的一种制度,如图 7-38(b)所示。

基轴制配合中的轴为基准轴,其基本偏差代号为 h,上极限偏差为零。

孔的基本偏差为 A 到 H 时与基准轴形成间隙配合;J 到 ZC 时为过渡配合或过盈

配合。

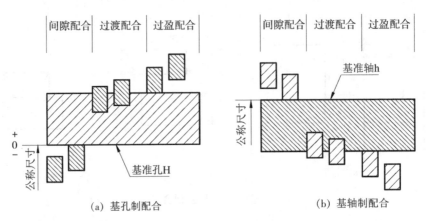

（a）基孔制配合	（b）基轴制配合

图 7-38　配合制的公差带示意图

（4）优先和常用配合

从实际需要和经济性出发，GB/T 1801—2009 规定了优先和常用配合。

公称尺寸至 500 mm 的基孔制优先和常用配合如表 7-6 所示；基轴制的优先和常用配合如表 7-7 所示。其极限间隙或极限过盈的数值参见书后附录。选择时首先选择表中的优先配合，其次选用常用配合。

公称尺寸大于 500~3 150 mm 的配合一般采用基孔制的同级配合。根据零件制造特点，如采用配制配合，可参考相应国家标准。

表 7-6　基孔制的优先和常用配合

基准孔	轴																				
	a	b	c	d	e	f	g	h	js	k	m	n	p	r	s	t	u	v	x	y	z
	间隙配合								过渡配合				过盈配合								
H6						$\frac{H6}{f5}$	$\frac{H6}{g5}$	$\frac{H6}{h5}$	$\frac{H6}{js5}$	$\frac{H6}{k5}$	$\frac{H6}{m5}$	$\frac{H6}{n5}$	$\frac{H6}{p5}$	$\frac{H6}{r5}$	$\frac{H6}{s5}$	$\frac{H6}{t5}$					
H7						$\frac{H7}{f6}$	$\frac{H7}{g6}$	$\frac{H7}{h6}$	$\frac{H7}{js6}$	$\frac{H7}{k6}$	$\frac{H7}{m6}$	$\frac{H7}{n6}$	$\frac{H7}{p6}$	$\frac{H7}{r6}$	$\frac{H7}{s6}$	$\frac{H7}{t6}$	$\frac{H7}{u6}$	$\frac{H7}{v6}$	$\frac{H7}{x6}$	$\frac{H7}{y6}$	$\frac{H7}{z6}$
H8				$\frac{H8}{e7}$		$\frac{H8}{f7}$	$\frac{H8}{g7}$	$\frac{H8}{h7}$	$\frac{H8}{js7}$	$\frac{H8}{k7}$	$\frac{H8}{m7}$	$\frac{H8}{n7}$	$\frac{H8}{p7}$	$\frac{H8}{r7}$	$\frac{H8}{s7}$	$\frac{H8}{t7}$	$\frac{H8}{u7}$				
				$\frac{H8}{d8}$	$\frac{H8}{e8}$	$\frac{H8}{f8}$		$\frac{H8}{h8}$													
H9			$\frac{H9}{c9}$	$\frac{H9}{d9}$	$\frac{H9}{e9}$	$\frac{H9}{f9}$		$\frac{H9}{h9}$													
H10			$\frac{H10}{c10}$	$\frac{H10}{d10}$				$\frac{H10}{h10}$													
H11	$\frac{H11}{a11}$	$\frac{H11}{b11}$	$\frac{H11}{c11}$	$\frac{H11}{d11}$				$\frac{H11}{h11}$													

续表

基准孔	轴																				
	a	b	c	d	e	f	g	h	js	k	m	n	p	r	s	t	u	v	x	y	z
	间隙配合								过渡配合				过盈配合								
H12		$\dfrac{H12}{b12}$						$\dfrac{H12}{h12}$													

注 1：$\dfrac{H6}{n5}$、$\dfrac{H7}{p6}$ 在公称尺寸小于或等于 3 mm 或等于 100 mm 时，为过渡配合。

注 2：标注▼的配合为优先配合

表 7-7 基轴制的优先和常用配合

基准轴	孔																				
	A	B	C	D	E	F	G	H	JS	K	M	N	P	R	S	T	U	V	X	Y	Z
	间隙配合								过渡配合				过盈配合								
h5						$\dfrac{F6}{h5}$	$\dfrac{G6}{h5}$	$\dfrac{H6}{h5}$	$\dfrac{JS6}{h5}$	$\dfrac{K6}{h5}$	$\dfrac{M6}{h5}$	$\dfrac{N6}{h5}$	$\dfrac{P6}{h5}$	$\dfrac{R6}{h5}$	$\dfrac{S6}{h5}$	$\dfrac{T6}{h5}$					
h6						$\dfrac{F7}{h6}$	$\dfrac{G7}{h6}$▼	$\dfrac{H7}{h6}$▼	$\dfrac{JS7}{h6}$	$\dfrac{K7}{h6}$	$\dfrac{M7}{h6}$	$\dfrac{N7}{h6}$▼	$\dfrac{P7}{h6}$▼	$\dfrac{R7}{h6}$	$\dfrac{S7}{h6}$▼	$\dfrac{T7}{h6}$	$\dfrac{U7}{h6}$				
h7					$\dfrac{E8}{h7}$	$\dfrac{F8}{h7}$▼	$\dfrac{G8}{g7}$	$\dfrac{H8}{h7}$	$\dfrac{JS8}{h7}$	$\dfrac{K8}{h7}$	$\dfrac{M8}{h7}$	$\dfrac{N8}{h7}$									
h8				$\dfrac{D8}{h8}$	$\dfrac{E8}{h8}$	$\dfrac{F8}{h8}$		$\dfrac{H8}{h8}$													
h9				$\dfrac{D9}{h9}$▼	$\dfrac{E9}{h9}$	$\dfrac{F9}{h9}$		$\dfrac{H9}{h9}$▼													
h10			$\dfrac{C10}{h10}$	$\dfrac{D10}{h10}$				$\dfrac{H10}{h10}$													
h11	$\dfrac{A11}{h11}$	$\dfrac{B11}{h11}$	$\dfrac{C11}{h11}$▼	$\dfrac{D11}{h11}$				$\dfrac{H11}{h11}$▼													
h12		$\dfrac{B12}{h12}$						$\dfrac{H12}{h12}$													

注：标注▼的配合为优先配合

（5）配合代号：由相互配合的孔、轴公差带的代号组成，用分数表示，分子为孔的公差带代号，分母为轴的公差带代号，如 $\dfrac{H8}{f7}$、$\dfrac{K7}{h6}$。显然，孔的代号为 H 时，就是基准孔，是基孔制配合；轴的代号为 h 时，就是基准轴，是基轴制配合。

7.5.2.3 公差与配合在图样上的标注

国家标准《机械制图 尺寸公差与配合注法》（GB/T 4458.5—2003）规定了机械图样

中尺寸公差与配合公差的标注方法。

（1）在装配图上的标注

在装配图上的标注方法，如图 7-39 所示，即在公称尺寸后标出配合代号。

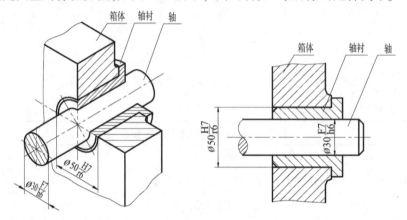

图 7-39　配合代号在装配图上的标注

（2）在零件图上的标注

零件图上的标注方法有三种，如图 7-40 所示。

①在公称尺寸后，标出公差带代号[如图 7-40(a)所示]，这种形式用于大批量生产的零件图上；

②在公称尺寸后，标出上、下极限偏差数值[如图 7-40(b)所示]，这种形式用于单件小批量生产的零件图上；

③在公称尺寸后，同时注出公差带代号和极限偏差数值，此时极限偏差数值应在括号内[如图 7-40(c)所示]，这种形式用于生产批量不定的零件图上。

公称尺寸后填写偏差数值时，其字体应较公称尺寸的数字小一号，上极限偏差应写在公称尺寸的右上方，下极限偏差应与公称尺寸注在同一底线上。上、下极限偏差的小数点必须对齐，小数点后的位置也必须相同。当偏差为零时，用数字"0"标出，并与偏差的小数点前的个位数对齐，如图 7-40 中的箱体和轴的尺寸。当上、下极限偏差的数值相同时，偏差只需注写一次，公称尺寸与偏差数值间加注符号"±"且两者数字高度相同。

（3）查表方法

互相配合的孔和轴，按公称尺寸和公差带可通过查阅 GB/T 1800.2—2009 中所列的表格获得上、下极限偏差数值。优先配合中的轴、孔的上、下极限偏差数值可直接查阅书后附录。

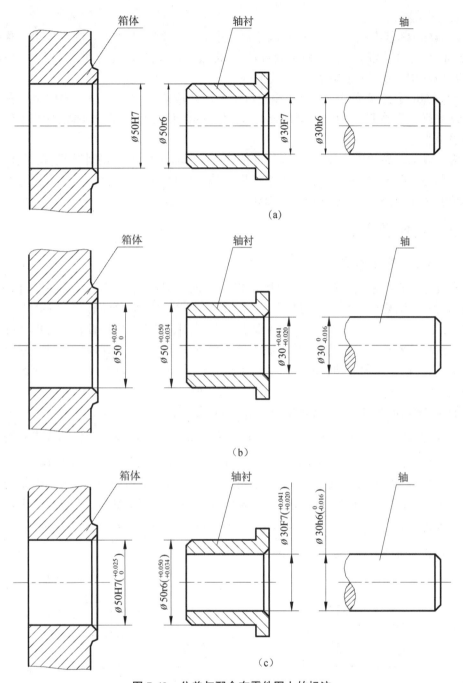

图 7-40 公差与配合在零件图上的标注

例 7-1 查表写出 $\varnothing 50\dfrac{H8}{f7}$ 的上、下极限偏差数值。

对照表 7-6 可知，$\dfrac{H8}{f7}$ 是基孔制优先配合，其中 H8 是基准孔的公差带，f7 是配合轴的公差带。

（1）Ø50H8 基准孔的上、下极限偏差可由书后相应附录中查得。在表中由公称尺寸 40~50 的行与公差带 H8 的列相交处查得 $^{+39}_{0}$（即 $^{+0.039}_{0}$ mm），这就是基准孔的上、下极限偏差，所以 Ø50H8 可写成 Ø50 $^{+0.039}_{0}$。

（2）Ø50f7 配合轴的上、下极限偏差可由书后相应附录中查得。在表中由公称尺寸 40~50 的行与公差带 f7 的列相交处查得 $^{-25}_{-50}$，就是配合轴的上、下极限偏差，所以 Ø50f7 可写成 Ø50 $^{-0.025}_{-0.050}$。

为了保证产品的质量，对零件上较低精度的非配合尺寸也要控制误差、规定公差，这种公差称为一般公差，它们的公差等级和极限偏差值可查阅《一般公差　未注公差的线性和角度尺寸的公差》（GB/T 1804—2000）。

7.5.3　几何公差》》》》

7.5.3.1　基本概念

在机器中有些精确度较高的零件，不仅要保证其尺寸公差，还要保证其几何公差。《产品几何技术规范（GPS）几何公差形状、方向、位置和跳动公差标注》（GB/T 1182—2008）规定了工件几何公差标注的基本要求和方法。零件的几何特性是零件的实际要素对其几何理想要素的偏离情况，是决定零件功能的因素之一。几何误差包括形状误差、方向误差、位置误差和跳动误差。为了保证机器的质量，要限制零件对几何误差的最大变动量，称为几何公差，允许变动量的值称为公差值。

如图 7-41（a）所示，为了保证滚柱工作质量，除了标注直径的尺寸公差外，还需标注滚柱轴线的形状公差 $\boxed{—\ |\ Ø\,0.006}$，这个代号表示滚柱实际轴线与理想轴线之间的变动量——直线度，误差必须控制在直径差为 0.006 mm 的圆柱面内。又如图 7-41（b）所示，箱体上两个孔是安装锥齿轮轴的孔，如果两孔轴线歪斜度太大，就会影响锥齿轮的啮合传动。为了保证正常的啮合，应该使两孔轴线保持一定的垂直距离，所以要给出位置公差——垂直度要求。图中 $\boxed{\perp\ |\ 0.05\ |\ A}$ 说明水平孔的轴线必须位于距离为 0.05 mm，且垂直于铅垂孔的轴线的两平行平面之间，A 为基准符号字母。

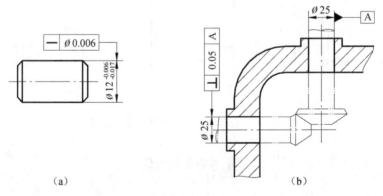

（a）　　　　　　　　　　　　　　　　（b）

图 7-41　几何公差示例

7.5.3.2 类型、几何特征和符号

几何公差的类型、几何特征和符号如表 7-8 所示。

表 7-8 几何公差的类型、几何特征和符号

公差类型	几何特征	符号	有无基准	公差类型	几何特征	符号	有无基准
形状公差	直线度	—	有	位置公差	位置度	⊕	有
	平面度	▱			同心度（用于中心线）	◎	
	圆度	○					
	圆柱度	⌭			同轴度（用于轴线）		
	线轮廓度	⌒					
	面轮廓度	⌓					
方向公差	平行度	∥	无		对称度	═	
	垂直度	⊥			线轮廓度	⌒	
	倾斜度	∠			面轮廓度	⌓	
	线轮廓度	⌒		跳动公差	圆跳动	↗	
	面轮廓度	⌓			全跳动	⤤	

7.5.3.3 附加符号及其标注

本节仅简要说明 GB/T 1182—2008 中标注被测要素几何公差的附加符号——公差框格，及基准要素的附加符号。

（1）公差框格

如图 7-42 所示，几何公差要求注写在公差框格内。

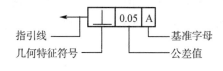

图 7-42 公差框格

（2）被测要素

按下列方式之一用指引线连接被测要素和公差框格。指引线引自框格的任意一侧，终端带一箭头。

①当公差涉及轮廓线或轮廓面时，箭头指向该要素的轮廓线或其延长线（应与尺寸线明显错开），如图 7-43（a）、（b）所示。箭头也可以指向引出线的水平线，引出线引自被测面，如图 7-43（c）所示。

②当公差涉及要素的中心线、中心面或中心点时，箭头应位于相应尺寸的延长线上，如图 7-44 所示。

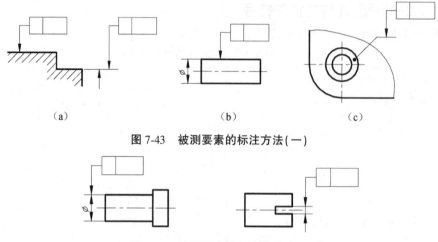

（a）　　　　　　　　　　　（b）　　　　　　　　　　　（c）

图 7-43　被测要素的标注方法（一）

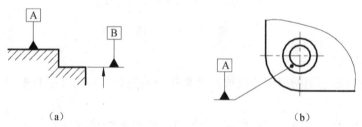

图 7-44　被测要素的标注方法（二）

（3）基准

①与被测要素相关的基准用一个大写字母表示。字母标注在基准方格内，与一个涂黑的三角形或空白的三角形相连以表示基准，如图 7-45 所示。涂黑的三角形或空白的三角形含义相同。

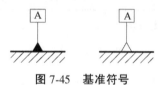

图 7-45　基准符号

②基准三角形应按如下规定放置：

当基准要素是轮廓线或轮廓面时，基准三角形放置在该要素的轮廓线或其延长线上（应与尺寸线明显错开），如图 7-46（a）、（b）所示。基准三角形也可以放置在引出线的水平线上。

（a）　　　　　　　　　　　　　　　　　（b）

图 7-46　基准要素的标注方法（一）

当基准是尺寸要素确定的轴线、中心平面或中心点时，基准三角形应放置在该尺寸的延长线上，如图 7-47（a）所示。如果没有足够位置标注基准要素尺寸的两个尺寸箭头，则其中一个箭头可用基准三角形代替，如图 7-47（b）所示。

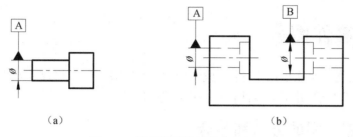

图 7-47　基准要素的标注方法(二)

(4)以单个要素为基准时,在公差框格内用一个大写字母表示,如图 7-48(a)所示。以两个要素建立公共基准体系时,用中间加连字符的两个大写字母表示,如图 7-48(b)所示。以两个或三个基准建立基准体系(即采用多基准)时,表示基准的大写字母按基准的优先顺序从左至右填写在各个框格内,如图 7-48(c)所示。

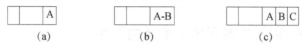

图 7-48　基准要素的标注方法(三)

7.5.3.4　几何公差标注示例

图 7-49 所示是一根气门阀杆的几何公差标注。图中的文字只是注释几何公差,在实际图样中不应注写。从图中可以看到,当被测要素为线或表面时,从框格引出的指引线箭头,应指在该要素的轮廓线或其延长线上。当被测要素是轴线时,应将箭头与该要素的尺寸线对齐,如 M8×1 轴线的同轴度注法。当基准要素是轴线时,应将基准符号与该要素的尺寸线对齐,如基准 A。

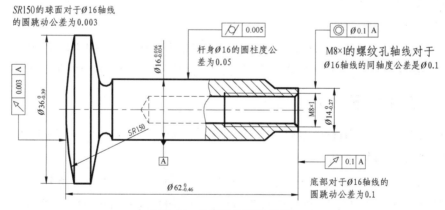

图 7-49　几何公差标注示例

7.5.3.5　美学延伸

零件图的结构形状应满足设计要求和工艺要求。在进行产品的零件结构设计时既要考虑工业美学、造型学,更要考虑工艺可能性,否则将使制造工艺复杂化,甚至无法制造或造成废品。

7.6 看零件图

看零件图,主要是能根据零件图想象出零件的结构形状,找出尺寸基准,了解零件的加工精度和技术要求,并了解零件在机器中的作用。

7.6.1 看零件图的方法和步骤▶▶▶

7.6.1.1 概括了解

从标题栏中了解零件的名称、材料、重量、比例等内容。从名称可以判断该零件属于哪一类零件,从材料可以大致了解其加工方法,从绘图比例可估计零件的实际大小。必要时,最好对照机器、部件实物或装配图了解该零件的装配关系等,从而对零件有初步的了解。

7.6.1.2 分析各视图,想象零件的结构形状

以主视图为中心,联系其他视图(包括剖视图、断面图等)弄清各视图之间的投影关系;以形体分析为主,结合零件上常见结构知识,看懂零件各部分的形状,综合起来想象出整个零件的形状。

7.6.1.3 分析尺寸和技术要求

分析零件的长度、宽度、高度三个方向的尺寸基准,从基准出发查找各部分的定形尺寸和定位尺寸,并分析尺寸的加工精度要求。必要时还要联系机器或部件和与该零件有关的零件一起分析,以便深入理解尺寸之间的关系,以及所标注的尺寸公差、几何公差和表面粗糙度等技术要求。

7.6.1.4 综合归纳

零件图表达了零件的结构形状、尺寸及精度要求等内容,它们之间是相互关联的。看图时应将视图、尺寸和技术要求综合考虑,才能对这个零件形成完整的认识。

7.6.2 看零件图举例▶▶▶

现以图7-50所示蜗轮减速器为例,介绍看图7-50所示蜗轮箱体零件图的方法。

7.6.2.1 概括了解

从标题栏中可知,零件的名称是蜗轮箱体,属箱体类零件,用于支撑蜗轮、蜗杆等零件,从比例可知零件的大小,从材料HT2000可知是铸件,应具有铸件的一般结构。

7.6.2.2 分析各视图,想象零件的结构形状

(1)找主视图看全图

如图7-51所示,该零件采用3个基本视图和3个局部视图表达它的内、外形状。首先找出最能反映零件结构特征的主视图,然后从它的全剖视图看到箱体中空的层次和内、外部的大体结构。

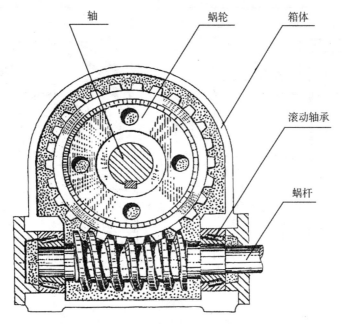

图 7-50 蜗轮减速器结构示意图

从主视图的 D-D 剖切部位,联系左视图的 D-D 局部剖视图,可清楚看出该处的结构是装配蜗杆用的滚动轴承孔,以及轴孔上方未剖部位的箱体内、外轮廓。俯视图采用 C-C 半剖视图,用以加深对箱体内部的表达以及底板和安装螺钉用孔的分布情况。

B、E、F 3 个局部视图,分别配合 3 个基本视图较完整地把箱体各部分结构表达清楚。

(2)按形体来分析

对较复杂的零件,应按形体联系投影关系做形体分析和线面分析,解决视图中难以立即看懂的部位。有时联系尺寸想形体。

(3)以结构和功用结合来分析

在看图中,往往会遇到个别部位难以看懂的情况,此时除运用投影关系进行分析外,还可以把结构和功用结合起来想。例如,F 向见局部视图的结构,从主视图、俯视图联系看,俯视图中该处两线之间的封闭线框表示 $R20$ 的圆柱面的一部分。根据机械常识可以判别出该处是为了安装放油的螺塞而形成的部分圆柱面。

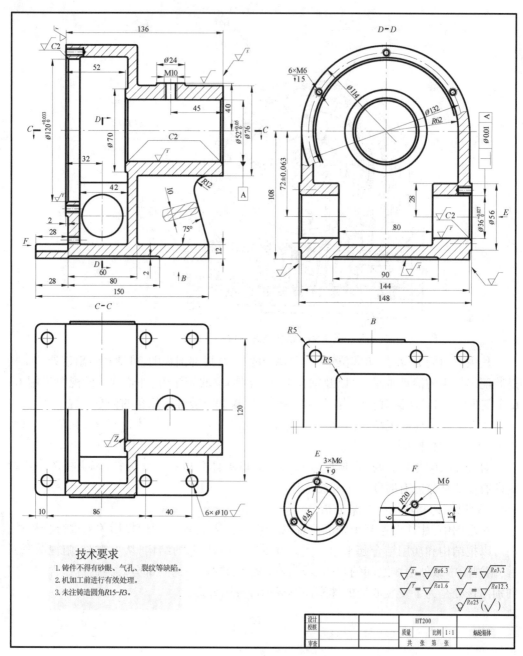

图 7-51　箱体零件图

7.6.2.3　分析尺寸和技术要求

　　分析尺寸,一是找出基准,二是要分清功能(主要)尺寸和非功能(次要)尺寸,这对了解零件的设计要求和切削加工是非常重要的。图中有公差的尺寸及所有定位尺寸都是功能尺寸,其余为非功能尺寸。所有的尺寸基准,主要是围绕蜗轮、蜗杆啮合中心距,保证蜗轮、蜗杆正常传动和装配相关的零件而确定的。箱体底面为高度方向的基准。蜗轮和蜗杆的轴线,有的配合了表面和螺孔定位尺寸的设计尺寸基准,有的配合了箱体各部结构尺寸的设计基准。主视图的左端面是箱体空腔中 Ø70 端面和蜗杆轴线的定位基准。

对该零件各部分的定形尺寸和总体尺寸请读者自行分析。

从视图所标注的尺寸公差、几何公差和表面粗糙度等技术要求中,能全部了解该箱体零件的质量和功能要求。

7.6.2.4 综合归纳

通过上述分析,想象出该箱体零件的结构形状,如图 7-52 所示。

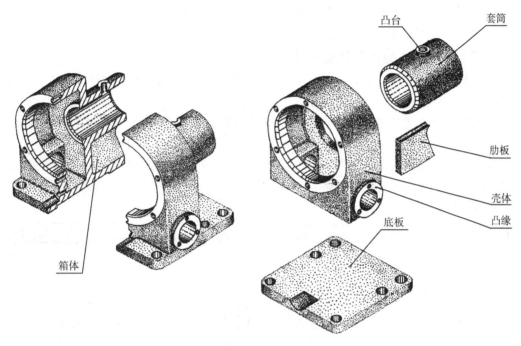

图 7-52 蜗轮箱体分解轴测图

7.7 零件的测绘

零件测绘

零件的测绘就是根据实际零件画出它的零件图。通常先绘制出零件的草图(即徒手绘制图形,目测来画零件的各部分结构形状、大小及相对位置,然后将实物上测得的尺寸标注上去,并将零件图所需的其他资料补全),再将零件草图经整理后用绘图工具仪器画成零件图。测绘步骤如下:

(1)准备工作。了解零件的名称、用途、材料等,对零件的结构形状进行分析,为确定视图方案、标注尺寸、确定表面粗糙度等技术要求创造条件。

(2)确定视图方案。

(3)画零件草图。

(4)将零件草图整理画成零件图。

7.7.1 画零件草图 >>>>

7.7.1.1 画零件草图的步骤

(1)在方格纸上定出各视图的位置,应注意在各视图之间留有注尺寸的空间。

(2)徒手目测绘制出各视图。

(3)选择尺寸基准,拉引尺寸界线、尺寸线。

(4)测量尺寸,填写尺寸数字。

(5)确定各种加工精度,即尺寸公差、几何公差、表面粗糙度。

(6)填写技术要求、标题栏等。

7.7.1.2 零件测绘应注意的事项

(1)零件上的缺陷(铸件上的砂眼、裂纹、缩孔,加工的缺陷)及长期使用产生的磨损均不应画出。对磨损部位应注意其尺寸的准确性。

(2)零件上标准结构要素(如螺纹、退刀槽、越程槽、倒角、倒圆等)在测量后均需查表,予以校正。

图 7-53 是测绘法兰接头零件草图示例。草图完成后,应认真检查核对,做到视图表达完全清楚,尺寸标注齐全没有遗漏,技术要求明确。然后根据草图选择适当比例,按所测得的尺寸画出零件图。

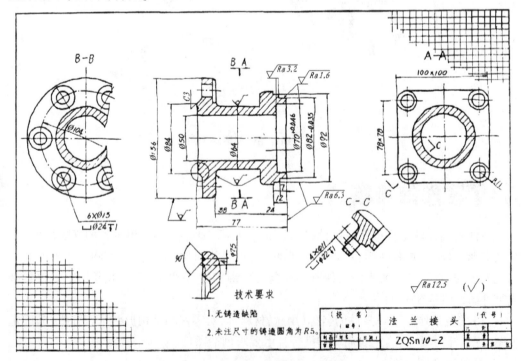

图 7-53 测绘法兰接头零件草图示例

7.7.2 零件的尺寸测量 ▶▶▶▶

7.7.2.1 常见量具

图 7-54 为常见的几种量具。

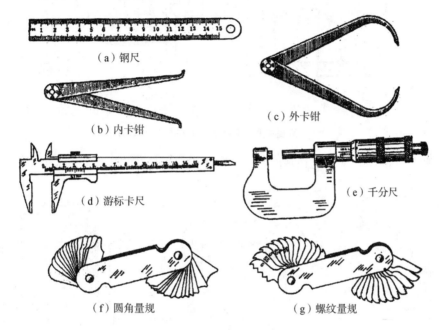

（a）钢尺

（b）内卡钳

（c）外卡钳

（d）游标卡尺

（e）千分尺

（f）圆角量规

（g）螺纹量规

图 7-54 常见的几种量具

7.7.2.2 几种常见的测量方法

（1）测量长度、外径、内径所用的量具及测量方法，如图 7-55 所示。

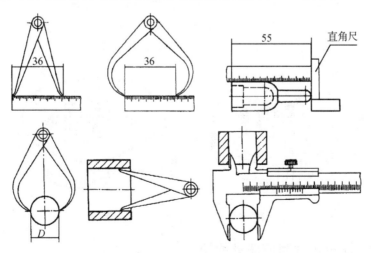

55 直角尺

36

36

D

图 7-55 测量长度、外径、内径所用的量具及测量方法

（2）测量壁厚和深度所用的量具及测量方法,如图 7-56 所示。

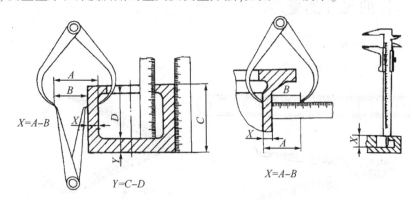

图 7-56　测量壁厚、深度所用的量具及测量方法

（3）测量孔的中心距和孔到基面的中心距所用的量具及测量方法,如图 7-57 所示。

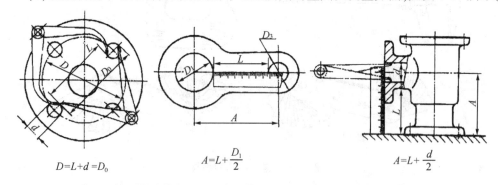

图 7-57　测量孔的中心距和孔到基面的中心距所用的量具及测量方法

（4）测定曲面轮廓的拓印法,如图 7-58 所示。用纸拓印其轮廓,借以判定曲线的种类和连接情况。曲线中的圆弧部分,需测出其半径。测定曲线回转面的外形轮廓的方法如图 7-59 所示。可用软铅丝沿曲面外形弯成实形。撤出时应防止铅丝变形。最后沿铅丝绘出曲线并分段用中垂线求得各段圆弧的中心,定出其半径。

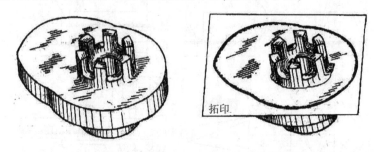

图 7-58　用拓印法测定曲面轮廓

7.7.2.3　测量尺寸时应注意的问题

（1）铸件的毛面和非功能尺寸都存在较大的误差,因此对这类尺寸,所测得的数值一

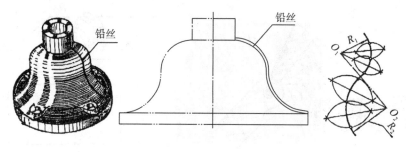

图 7-59 用铅丝法测曲面轮廓

般都要圆整到整数。通常尺寸大于 20 时,其尾数为 2、5、8、0。

（2）结构要素的尺寸一定要符合各自标准的规定。量注尺寸时,见本书的附录。

（3）测得的尺寸都是实际尺寸,因此对功能尺寸必须圆整到公称尺寸。关于尺寸公差,可根据配合性质查表确定。

7.7.3 螺纹的测量 》》》》

螺纹的测量就是确定其牙型、大径、螺距、导成、线数、旋向等参数。螺纹的倒角、螺尾部分的退刀槽尺寸等可查表得到;螺纹的长度能直接量出;螺纹的头数可从螺纹件的端面数出;螺纹的旋向,可将螺纹件垂直放置,所见螺纹线自左向右升起的是右螺纹,反之为左螺纹。

7.7.3.1 确定螺纹的种类

（1）观察分析法

机器零件的连接或紧固,一般用粗牙普通螺纹。细牙普通螺纹用于薄壁零件或受变载、冲击、振动的零件以及精密仪器的调整件上。

梯形螺纹的牙型,用眼可辨出。

管螺纹加工在管子的外表面或管接头的内表面上,有时也加工在薄壁零件上。

英制螺纹一般出现在以英制为计量单位的国家（如英国、美国等）的产品上。

（2）螺纹量规法

用螺纹量规可准确判别普通螺纹和英制螺纹。

7.7.3.2 测量螺纹的主要参数

螺纹的主要参数是牙型、大径和螺距。普通螺纹和管螺纹的牙型及螺距可由各自的螺纹量规测出,如图 7-60 所示。通常不测内螺纹,对相配的螺纹,都以测得的外螺纹来代替内螺纹的参数。螺纹的大径用游标卡尺或千分尺直接量出。

在没有螺纹量规的情况下,可以在纸上压出螺纹印痕,然后算出螺距大小,即 $P = T/n$,T 为几个螺距的长度,n 为螺距数量,如图 7-61 所示。根据算出的螺距,在附表中查出标准值。

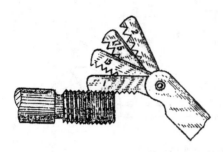

图 7-60　测量牙型和螺距

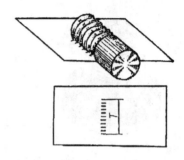

图 7-61　用直尺测量螺距

 习题

1.完整的零件图应包含哪几方面内容？

2.合理标注零件图的尺寸应注意哪些问题？

3.零件图的技术要求都有哪些内容？何谓极限与配合？

4.什么是配合制？什么是基孔制配合？什么是基轴制配合？

5.测绘零件时应注意哪些问题？零件草图与零件图有何区别？

第8章 装配图

一台机器或一个部件,是由许多零件按一定的装配关系和技术要求装配而成的。表达机器或部件各组成部分间的结构形状、工作原理、相对位置、连接方式和配合关系等的图样,称为装配图。在设计机器或部件时,要先画出装配图,再根据装配图画出符合机器或部件要求的零件图。在装配时,要根据装配图的技术要求和装配工艺,把各零部件按一定顺序装配成机器或部件;在使用、管理和维修机器时,需要通过装配图来了解机器的结构、性能、工作原理等。因此,装配图是生产中重要的技术文件,它是安装、调试、操作、检修机器或部件的重要依据。

本章将介绍装配图的内容、装配图的特殊表示法、装配图的画法和尺寸标注、看装配图和由装配图拆画零件图的方法等。

8.1 装配图的内容

图 8-1 是滑动轴承的轴测图,滑动轴承是支承传动轴的一个部件,由 8 个零件组成。

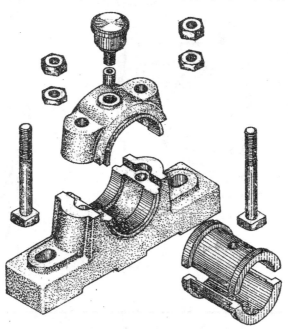

图 8-1　滑动轴承轴测图

图 8-2 是滑动轴承的装配图,它表达了滑动轴承的工作原理和装配关系。由图 8-2 可见,一张完整的装配图应具备以下几方面内容:

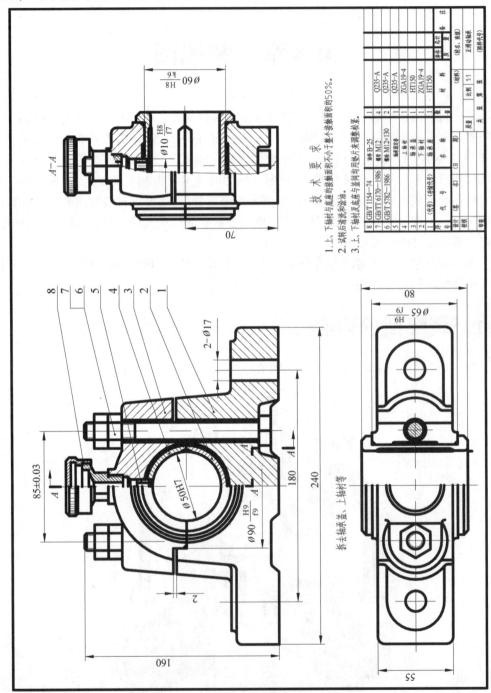

图 8-2　滑动轴承装配图

（1）一组视图

一组视图用来表达机器或部件的工作原理、零件间的装配关系、零件的连接方式以及主要零件的结构形状等。

（2）必要的尺寸

装配图中必须标注反映机器或部件的规格性尺寸、装配尺寸、安装尺寸、总体尺寸和一些必需的重要尺寸。

（3）技术要求

在装配图中用文字或符号说明机器或部件的性能、装配、安装、检验和使用等方面的要求。

（4）零件序号、明细栏和标题栏

为了便于看图和组织、管理生产工作,应对装配图中的组成零件或部件编写序号,并填写明细栏和标题栏,说明机器或部件的名称、图号、图样比例,以及零件的名称、材料、数量等一般概况。

8.2 装配图的图样画法

8.2

第 7 章介绍的机件的各种表达方法,均适用于装配图。但由于装配图表达的侧重点与零件图有所不同,因此,国家标准对绘制装配图又制定了一些规定画法和特殊表达方法。

8.2.1 规定画法 ▶▶▶▶

在装配图中,为了易于区分不同的零件,并便于清晰地表达出各零件之间的装配关系,在画法上有以下规定:

8.2.1.1 接触面和配合面的画法

两相邻零件的接触面和配合面只画一条线,而基本尺寸不同的非配合面和非接触面,即使间隙很小,也必须画成两条线。如图 8-3(a)中轴和孔的配合面、图 8-3(b)中两个被连接件的接触面均画一条线;图 8-3(b)中螺杆和孔之间是非接触面,应画两条线。

8.2.1.2 剖面线的画法

在剖视图和断面图中,同一个零件的剖面线倾斜方向和间隔应保持一致;相邻两零件的剖面线方向应相反,或者方向一致、间隔不同。如图 8-2 中轴承座在主视图和左视图中的剖面线画成同方向、同间隔;而轴承盖与轴承座的剖面线方向相反;图 8-4 中的填料压盖与阀体的剖面线方向虽然一致,但间隔不同,也能以此来区分不同的零件。当装配图中零件的剖面厚度小于 2 mm 时,允许将剖面涂黑代替剖面线。

8.2.1.3 实心零件和螺纹紧固件的画法

在剖视图中,当剖切平面通过实心零件(如轴、连杆等)和螺纹紧固件(如螺栓、螺母、垫圈等)的基本轴线时,这些零件按不剖绘制。如图 8-3 中的螺栓、螺母及垫圈和图 8-4

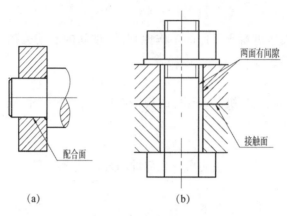

图 8-3　规定画法(一)

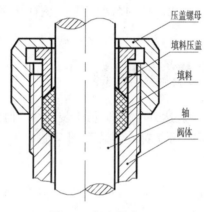

图 8-4　规定画法(二)

中轴的投影均不画剖面线。若其上的孔、槽等结构需要表达,则采用局部剖视。当剖切平面垂直其轴线剖切时,应画出剖面线,如图 8-2 俯视图中螺栓的投影。

8.2.2　特殊表达方法▶▶▶▶

8.2.2.1　沿零件的结合面剖切和拆卸画法

在装配图中,为了使被遮住的部分表达清楚,可假想沿某些零件的结合面选取剖切平面或假想将某些零件拆卸后绘制,并标注"拆去××等",这种画法称为拆卸画法,如图 8-2 的俯视图,其右半部分就是沿着轴承座和盖的结合面剖切的,这时轴承盖和上轴衬可以看成被拆掉了,而螺栓被切断了,所以螺栓要画出剖面线,在俯视图上方标注"拆去轴承盖、上轴衬等"。

8.2.2.2　假想画法

在装配图中,当表达该部件与其他相邻零部件的装配关系时,可用双点画线画出相邻零部件的轮廓,如图 8-5 所示。

当需要表明某些零件的运动范围和极限位置时,可以在一个极限位置上画出该零件,而在另一个极限位置用双点画线画出其轮廓,如图 8-6 中手柄的极限位置画法。

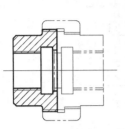

图 8-5　相邻零部件装配关系的表达

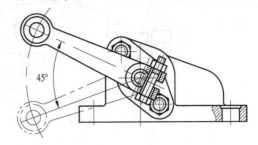

图 8-6　运动零件的极限位置的画法

8.2.2.3　夸大画法

在装配图中,对于一些薄片零件、细丝弹簧、小的间隙和锥度等,可不按其实际尺寸作图,而适当地夸大画出以使图形清晰,如图 8-7 中垫片的画法。

8.2.2.4　简化画法

(1)在装配图中,螺栓头部和螺母允许采用简化画法。对若干相同的零件组如螺栓、螺钉连接等,在不影响理解的前提下,允许详细地画出一处或几处,其余只需用点画线表示其中心位置,如图 8-7 所示。

(2)滚动轴承只需表达其主要结构时,可采用简化画法,如图 8-7 所示。

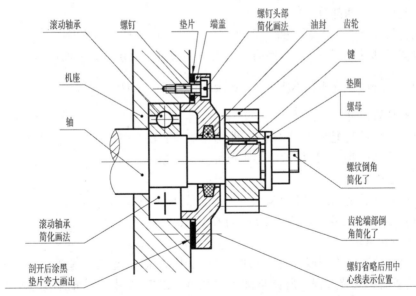

图 8-7　夸大画法和简化画法

(3)在装配图中,零件的一些工艺结构,如小圆角、倒角、退刀槽和砂轮越程槽等允许不画。

(4)在装配图中,被弹簧挡住的结构一般不画出,可见部分应从弹簧的外轮廓线或从弹簧钢丝断面的中心线画起,如图 8-8 所示。

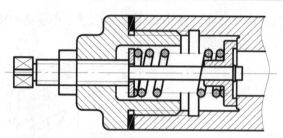

图 8-8　被弹簧遮挡住的结构不再表达

8.3　装配图的尺寸标注

装配图是表达机器或部件的性能、工作原理、装配关系和安装要求的图样。因此，装配图需要标注的尺寸一般分为以下几类：

（1）性能规格尺寸

性能规格尺寸是表示机器或部件工作性能和规格的尺寸。它是在设计时就确定的尺寸，也是设计、了解和选用该机器或部件的依据，如图 8-2 中的轴孔直径 Ø50H7、图 8-20 手动球阀中管直径 Ø50。

（2）装配尺寸

装配尺寸是表示机器或部件中零件之间装配关系和工作精度的尺寸。它由配合尺寸和相对位置尺寸两部分组成。

①配合尺寸

在机器或部件装配时，零件间有配合要求的尺寸。如图 8-2 中轴承盖与轴承座的配合尺寸 $Ø90\dfrac{H9}{f9}$；轴承盖和轴承座与上、下轴衬的配合尺寸 $Ø60\dfrac{H8}{k6}$ 等。

②相对位置尺寸

在机器或部件装配时，需要保证零件间相对位置的尺寸。如图 8-2 中轴承孔轴线到基面的距离为 70，两连接螺栓的中心距尺寸为 85±0.03。

（3）安装尺寸

安装尺寸是表示机器或部件安装时所需要的尺寸，如图 8-2 中滑动轴承的安装孔尺寸 2-Ø17 及其定位尺寸 180，图 8-20 中的 Ø104±0.3。

（4）外形尺寸

外形尺寸是表示机器或部件外形的总体尺寸，即总长、总宽和总高。它为机器或部件在包装、运输和安装过程中所占空间提供数据，如图 8-2 中滑动轴承的总体尺寸 240、160 和 80，图 8-20 中球阀的总体尺寸 185 和 Ø136 等。

（5）其他重要尺寸

它是在设计中经计算确定的尺寸，而又不包括在上述几类尺寸中，如运动零件的极限尺寸，主体零件的一些重要尺寸等，如图 8-2 中轴承盖和轴承座之间的间隙尺寸 2。

上述几类尺寸之间并不是互相孤立无关的，实际上有的尺寸往往同时具有多种作用。此外,在一张装配图中,也并不一定需要全部注出上述尺寸,而是要根据具体情况和要求来确定。

8.4　序号、明细栏和标题栏注法

8.4.1　零部件序号》》》》

为了便于看图,便于图样管理和组织生产,必须对装配图中的所有零部件进行编号,列出零件的明细栏,并按编号在明细栏中填写该零部件的名称、数量和材料等。在编写序号时,应遵守下列规定:

(1)装配图中所有的零部件都必须编写序号。相同的多个零部件应采用一个序号,一个序号在图中只标注一次,图中零部件的序号应与明细栏中零部件的序号一致,如图 8-2 中的螺栓和螺母等。

(2)序号应注写在指引线一端用细实线绘制的水平线上方、圆内或在指引线端部附近,序号要比图中尺寸数字大一号或两号,如图 8-9(a)所示。序号编写时应按水平或垂直方向排列整齐,并按顺时针或逆时针方向顺序编号,如图 8-2 所示。

(3)指引线用细实线绘制,应自所指零件的可见轮廓内引出,并在其末端画一圆点,如图 8-9(a)所示,若所指的部分不宜画圆点,如很薄的零件或涂黑的剖面等,可在指引线的末端画出箭头,并指向该部分的轮廓,如图 8-9(b)所示。

(4)一组紧固件,以及装配关系清楚的零件组,可以采用公共指引线,如图 8-9(c)所示。

(5)指引线应尽可能分布均匀且不要彼此相交,也不要过长。指引线通过有剖面线的区域时,要尽量不与剖面线平行,必要时可画成折线,但只允许折一次,如图 8-9(d)所示。

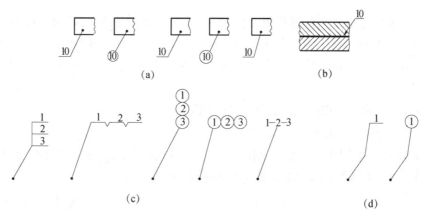

图 8-9　序号的编写形式

8.4.2　明细栏和标题栏 ▶▶▶▶

　　明细栏是机器或部件中全部零部件的详细目录。明细栏位于标题栏的上方,外框粗实线,内框细实线,零部件的序号自下而上填写。如图幅受限制,可移至标题栏的左边继续编写,标题栏及明细栏的格式如图 8-10 所示。

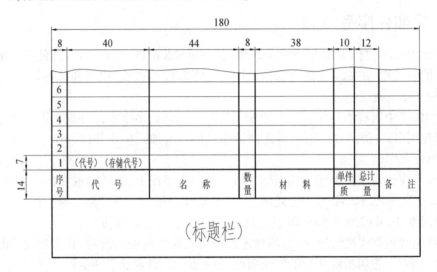

图 8-10　装配图的标题栏和明细栏格式

8.5　装配图的工艺性和技术要求 ▶

8.5.1　装配图的工艺性 ▶▶▶▶

　　在设计和绘制装配图的过程中,应该考虑装配结构的合理性,以保证机器(或部件)的使用性能和装拆方便。确定合理的装配结构,必须具有丰富的实践经验,并做深入、细致的分析比较。下面仅介绍一些常用的装配结构及其画法,以及正误辨析,供画装配图时参考。

8.5.1.1　两零件的合理装配工艺结构

　　(1)接触面与配合面结构

　　装配时两零件在同一方向上一般只宜有一个接触面,既保证了零件接触良好,又降低了加工要求,否则就会给加工和装配带来困难,如图 8-11 所示。

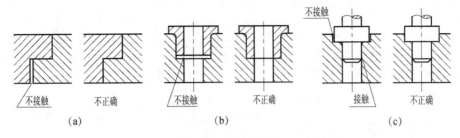

图 8-11　同一方向上一般只有一个接触面

（2）接触面转角处的结构

两配合零件在转角处不应都设计成直角或尺寸相同的圆角,否则折角处就会发生干涉,影响接触面之间的良好接触,影响装配性能,如图 8-12 所示。为了保证图 8-12 所示的轴肩和孔端紧密接触,孔端要倒角或轴根要切退刀槽。

应指出,在装配图中一般将倒角、圆角、退刀槽及砂轮越程槽等结构省略不画,但不等于这些结构要素不存在。

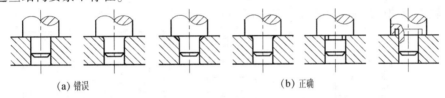

图 8-12　接触面转角处的结构

8.5.1.2　密封结构

在一些机器或部件中,一般对外露的旋转轴和管路接口等,常需要采用密封装置,以防止机器内部的液体或气体外流,也防止灰尘等进入机器。

图 8-13（a）为泵和阀上的常见密封结构,采用填料密封。填料密封通常用浸油的石棉绳或橡胶作填料,拧紧压盖螺母,通过填料压盖可将填料压紧,起到密封作用。

图 8-13（b）为管道中管接口的常见密封结构,采用 O 形密封圈密封。

图 8-13（c）为滚动轴承的常见密封结构,采用毡圈密封。

各种密封方法所用的零件,有些已经标准化,其尺寸要从有关手册中查取,如毡圈密封中的毡圈。

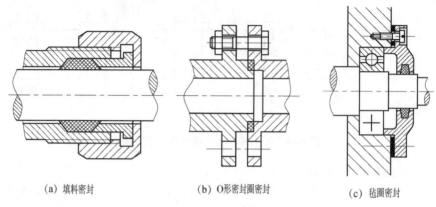

（a）填料密封	（b）O形密封圈密封	（c）毡圈密封

图 8-13　密封结构

8.5.1.3　零件的合理安装与拆卸结构

（1）滚动轴承常采用轴肩或孔肩定位。为了方便滚动轴承的拆卸，轴肩或孔肩高度须小于轴承内圈或外圈的厚度，如图 8-14 所示。

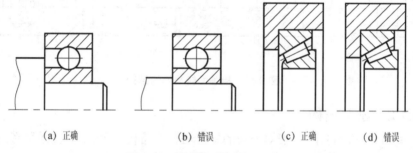

（a）正确	（b）错误	（c）正确	（d）错误

图 8-14　滚动轴承的装配结构

（2）螺栓和螺钉连接时，孔的位置与箱壁之间应留有足够空间，以保证安装的可能和方便，如图 8-15、图 8-16 所示。

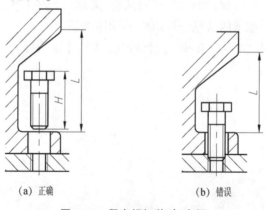

（a）正确	（b）错误

图 8-15　留出螺钉装、卸空间

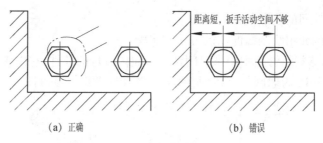

图 8-16 留出扳手活动空间

（3）销定位时，在可能的情况下应将销孔做成通孔，以便于拆卸，如图 8-17 所示。

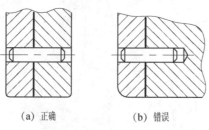

图 8-17 定位销的装配结构

8.5.2 装配图的技术要求 ►►►►

不同性能的机器或部件，其技术要求也不同，一般包括机器或部件装配和调整的要求、检验的方法和要求、使用要求等各个方面内容。

（1）装配要求

装配要求包括对机器或部件装配方法的指导，装配时的加工说明，装配后的性能要求等。

（2）检验要求

检验要求包括机器或部件基本性能的检验方法和条件，装配后保证达到的精度，检验与实验的环境温度、气压，振动实验的方法等。

（3）使用要求

使用要求包括对机器或部件的基本性能的要求，维护和保养的要求及使用操作时的注意事项等。

装配图的技术要求一般用文字写在明细栏上方或图纸下方的空白处。若技术要求过多，可另编技术文件，在装配图上只注出技术文件的文件号。

8.6 装配图的绘制

8.6.1 全面了解和分析所画的机器或部件 ►►►►

绘制装配图之前，应对所画的对象有全面的认识，即了解机器或部件的功用、性能、结构特点和各零件间的装配关系等。

现以球阀为例介绍绘制装配图的方法和步骤。

图 8-18 所示球阀是管路中用来启闭及调节流体流量的部件，它由阀体等零件和一些标准件组成。图 8-18 为球阀的立体图，图 8-19 为球阀的部分零件图。

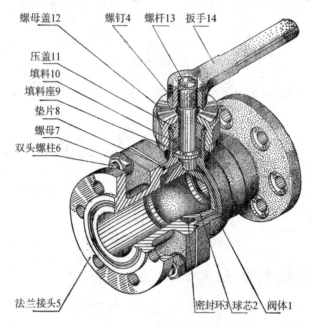

图 8-18　球阀的立体图

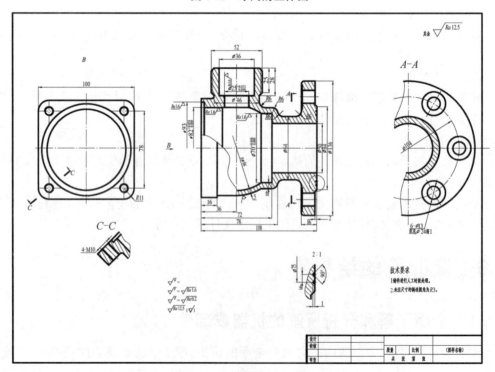

（a）阀体

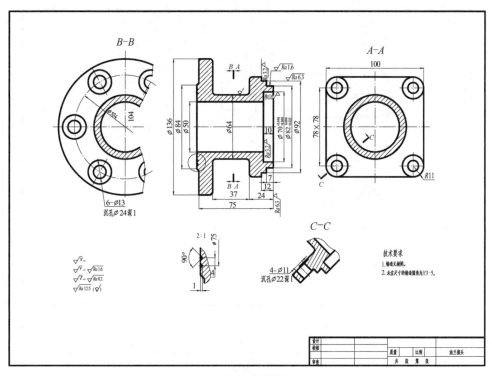

（b）法兰接头

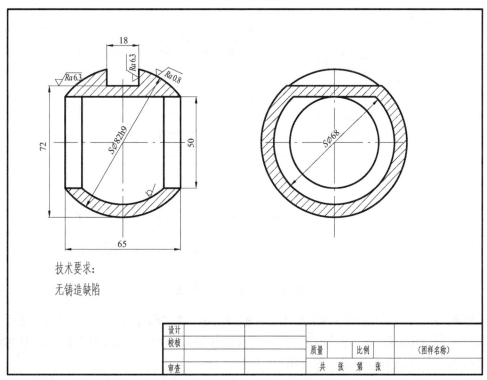

技术要求:

无铸造缺陷

（c）球芯

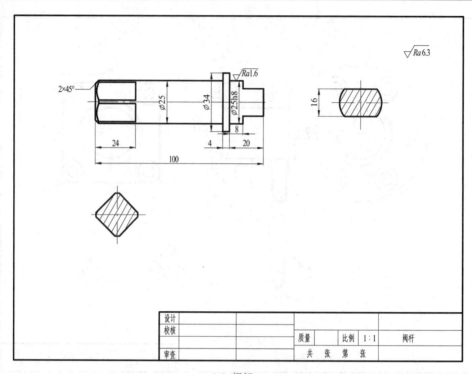

（d）阀杆

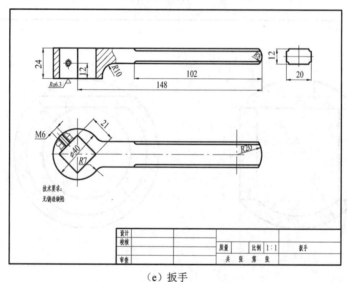

（e）扳手

图 8-19　球阀的部分零件图

　　球阀的工作原理是：阀体内装有阀芯，阀芯内的凹槽与阀杆的扁头相接，当用扳手旋转阀杆并带动阀芯转动一定角度时，即可改变阀体通孔与阀芯通孔的相对位置，从而起到启闭及调节管路内流体流量的作用。

　　一般在机器（或部件）中，将组装在同一轴线上的一系列相关零件称为装配线。机器

(或部件)是由一些主要和次要的装配线组成的。球阀有两条装配干线:一条是竖直方向,由阀芯、阀杆和扳手等零件组成;另一条是水平方向,由阀体、阀芯和阀盖等零件组成。

8.6.2 确定装配图的表达方案》》》

在对所画机器或部件全面了解和分析的基础上,运用装配图的表达方法,选择一组恰当的视图,清楚地表达机器或部件的工作原理、零件间的装配关系和主要零件的结构形状。在确定表达方案时,首先要合理选择主视图,再选择其他视图。

8.6.2.1 选择主视图

主视图的选择应符合它的工作位置,尽可能反映机器或部件的结构特点、工作原理和装配关系。常通过装配线的轴线将部件剖开,画出剖视图作为装配图的主视图。

球阀安装在管道中的工作位置一般是阀孔的轴线呈水平位置,且扳手位于正上方,以便于操作,因此主视图采用通过球阀前后对称面剖切的全剖视图,清楚地表达了阀的工作原理、两条主要装配线的装配关系和一些零件的形状,并且符合阀的工作位置。

8.6.2.2 选择其他视图

分析主视图尚未表达清楚的机器或部件的工作原理、装配关系和其他主要零件的结构形状,再选择其他视图来补充主视图尚未表达清楚的结构。

装配图上应表达出全部零件,并能反映重要零件的形状。

对于球阀的表达采用了一个局部剖视来补充说明扳手 14 和阀杆 13.之间用紧定螺钉 4 来固定的情况(如图 8-18 所示)。

8.6.3 画装配图的步骤》》》

根据所确定的装配图表达方案,选取适当的绘图比例,并考虑标注尺寸,编注零件序号,书写技术要求,画标题栏和明细栏的位置,选定图幅,然后按下列步骤绘图。

8.6.3.1 布图

画出图框、标题栏和明细栏的位置和大小,画出各视图的主要中心线、轴线、对称线及基准线等,如图 8-20(a)所示。

8.6.3.2 画图

画图时一般从主视图开始,同时注意视图间的联系。

画主视图时,经常从主体零件的轴线、中心线开始,因为它往往是确定其他零件位置的依据。画图的顺序一般是先画出主体零件的主要结构,后画细节。如果是画剖视图,应先画出按不剖处理的实心杆、轴,然后由内向外、由前向后按看得见、看不见的顺序画。这样被遮住的零件的轮廓线就可以不画。

画手动球阀装配图底稿的顺序如图 8-20(b)、(c)、(d)所示。

8.6.3.3 完成全图

全部底稿经检查无误后,即可标注尺寸、画剖面线、编写序号、加深图线、填写标题栏和明细栏、编写技术要求等，如图 8-20(e)所示。

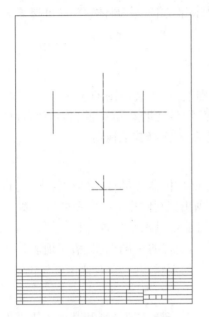

（a）画装配图的步骤一——布图

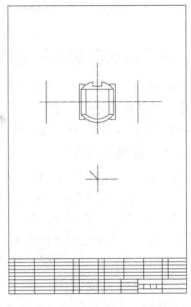

（b）画装配图的步骤二——画主体零件大致轮廓

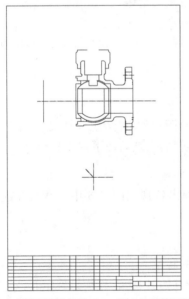

（c）画装配图的步骤三——画主体零件细节

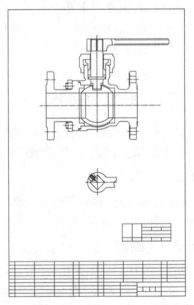

（d）画装配图的步骤四——全面完成底稿

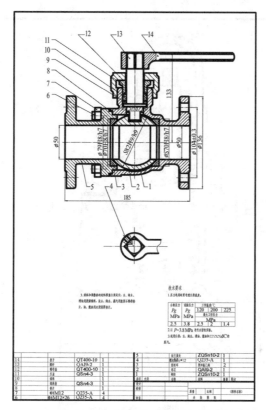

（e）画装配图的步骤五——检查后完成最终装配图

图 8-20　画球阀装配图的步骤

8.7　看装配图及由装配图拆画零件图

在机器或部件的设计、制造、使用、维修和技术交流等实际工作中，经常要看装配图。通过看装配图可以了解机器或部件的工作原理、各零件间的装配关系和零件的主要结构形状及作用等。

8.7.1　看装配图的方法和步骤 》》》

现以图 8-21 所示安全阀装配图为例来说明看装配图的方法和步骤。

8.7.1.1　概括了解装配图的内容

（1）从标题栏中了解机器或部件的名称、用途及比例等。

（2）从零件序号及明细栏中了解零件的名称、数量、材料及在机器或部件中的位置。

（3）分析视图，了解各视图的作用及表达意图。

安全阀是用于管路系统中的部件。它由阀体、阀盖、阀门、弹簧以及标准件等组成，

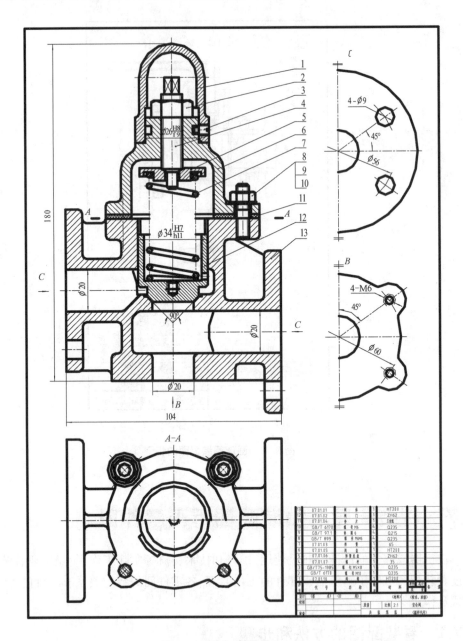

图 8-21　安全阀装配图

对照零件序号和明细栏可以看出安全阀共由 13 种零件装配而成,装配图的比例为 2∶1。

在装配图中,主视图采用全剖视图,表达了各零件间的装配关系和工作原理,并采用了简化画法表达阀体 13 和阀盖 6 用螺纹紧固件连接情况;俯视图采用半视图,反映了安全阀的外形和阀体的上表面结构;再采用一个局部视图 B 反映安全阀下部与机器或容器的连接形式;采用一个局部剖视 C 反映安全阀左右对外连接的形式。安全阀的外形尺寸是 180 mm、104 mm。

8.7.1.2 分析零件、弄清装配关系和工作原理

为深入了解机器或部件的结构特点,需要分析组成零件的结构形状和作用。对于装配图中的标准件(如螺纹紧固件、键、销等)和一些常用的简单零件,其作用和结构形状比较明确,无须细读,而对主要零件的结构形状必须仔细分析。

分析时一般从主要零件开始,再看次要零件。首先对照明细栏,在编写零件序号的视图上确定该零件的位置和投影轮廓,根据视图的投影关系及同一零件在各视图中剖面线方向和间隔应一致的原则来确定该零件在各视图中的投影。然后分离其投影轮廓,先推想出因其他零件的遮挡或因表达方法的规定而未表达清楚的结构,再按形体分析和结构分析的方法,弄清零件的结构形状。

在分离出零件轮廓的基础上,可以弄清零件间的相互位置,分析零件的装配关系和拆装顺序,分析出机器或部件的工作原理,找出零件间的运动、传动关系。

例如,安全阀的主体零件是阀体、阀盖和阀门。从全剖的主视图中各零件剖面线方向,能分辨出各零件的边界。对照各视图及图中尺寸 $\varnothing34\dfrac{H7}{h11}$、$26\dfrac{H8}{f9}$ 等,便能了解安全阀的全貌和各零件的结构形状。

阀门 12 是靠调整好的圆柱螺旋压缩弹簧 7 紧密地将阀门的锥部与阀体 13 的锥形孔密封在一起的。

阀盖 6 上的调整装置,由弹簧托盘 5、螺杆 4、螺母 2 组成,用于调整弹簧的预加负载。垫片 11 起密封防漏作用。阀帽 1 通过紧定螺钉 3 与阀盖 6 紧固在一起。该帽是防止调整装置松动而设置的保护罩。

主视图中有配合尺寸,如 $\varnothing34\dfrac{H7}{h11}$、$26\dfrac{H8}{f9}$ 都为间隙配合。性能尺寸为 $\varnothing20$,对外连接和安装尺寸为 $\varnothing56$ 和 $\varnothing9$。

安全阀与机器或容器的连接,通过阀体 13 下端面 4 组内螺纹孔进行连接。安全阀左、右两端与管路的连接是通过 $4-\varnothing9$ 四个孔进行连接的。

从主视图可以看出安全阀的工作原理是:具有一定压力的流体从阀体左端的孔 $\varnothing20$ 进入下阀腔,而后通过阀体下端的孔 $\varnothing20$ 进入连接的容器中。当流体超压时,便推开阀门 2 进入上阀腔经阀体右端孔 $\varnothing20$ 流回原处。

8.7.1.3 归纳总结,加深理解

在对工作原理、装配关系和主要零件结构分析的基础上,还需对技术要求和全部尺寸进行研究。最后,综合分析想象出机器或部件的整体形状,为拆画零件图做准备,其整体结构如图 8-22 所示。

8.7.2 由装配图拆画零件图 >>>>

在设计过程中,首先要绘制装配图,然后根据装配图拆画零件图,简称拆图。

拆图应在全面读懂装配图的基础上进行。为了保证各零件的结构形状合理,并使尺寸、配合性质和技术要求等协调一致,一般情况下,应先拆画主要零件,然后逐一画出其

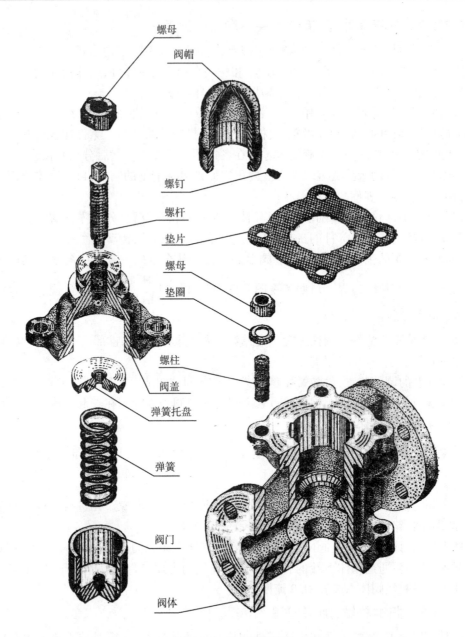

图 8-22　安全阀立体图

他零件。对于一些标准零件，只需要确定其规定标记，可以不必拆画零件图。

在拆画零件图的过程中，要注意处理好以下几个问题。

8.7.2.1　视图的处理

装配图的视图选择方案，主要是从表达机器或部件的装配关系和工作原理出发；零件图的视图选择，则主要是表达零件的结构形状。由于表达的出发点和要求不同，所以在选择视图方案时，不应简单从装配图上照抄，而应该根据具体零件的结构特点，重新确定零件图的视图选择和表达方案。

8.7.2.2　零件结构形状的处理

在装配图中对零件的某些局部结构可能表达不完全,而且对一些工艺标准结构还允许省略(如圆角、倒角、退刀槽、砂轮越程槽等)。拆画零件图时,确定装配图中被分离零件的投影后,补充被其他零件遮住部分的投影,同时考虑设计和工艺的要求,增补被简化掉的结构,合理设计未表达清楚的结构。

8.7.2.3　零件图上的尺寸处理

装配图中的尺寸不是很多,拆画零件时应按零件图的要求注全尺寸。

(1)对于装配图已注的尺寸,在有关的零件图上应直接抄注出。对于配合尺寸,某些相对位置尺寸一般应注出偏差数值。

(2)与标准件相连接或配合的有关结构尺寸,如螺孔、销孔等的直径,要从相应的标准中查取后注在图中。

(3)对于零件的一些工艺结构,如圆角、倒角、退刀槽、砂轮越程槽、螺栓通孔等,应尽量选用标准结构,查有关标准后标注尺寸。

(4)有些零件的某些尺寸需要根据装配图所给的数据进行计算才能得到(如齿轮分度圆、齿顶圆直径等),应将计算后的结果标注在图中。

(5)某些零件,在明细栏中给定了尺寸,如弹簧、垫片等,要按给定尺寸注出。

一般尺寸均按装配图的图形大小和图样比例,直接量取注出。

8.7.2.4　对于零件图中技术要求等的处理

技术要求在零件图中占有重要地位,它直接影响零件的加工质量。根据零件在机器或部件中的作用以及与其他零件的装配关系等要求,标注出该零件的表面粗糙度、尺寸公差等方面的技术要求。

例 8-1　从图 8-21 安全阀的装配图中拆画出阀盖的零件图。

解　(1)分析

由装配图的主视图可以看出,阀盖上面与阀帽相连,下面接阀体,中间装有调整装置,是安全阀的主体零件之一。

阀盖通过紧定螺钉与阀帽紧固在一起。下端旋入 4 组双头螺柱及螺母与阀体紧固,其上端有螺杆旋入,螺杆旋转后调整弹簧托盘从而调节弹簧的预加负荷。

从装配图中所标注的尺寸还知,阀盖与阀帽为 $\varnothing 26\dfrac{\text{H8}}{\text{f9}}$ 的间隙配合。整个外形与阀体和阀帽及内腔体相协调。

(2)画图

从装配图中分离出阀盖的轮廓,补齐所缺线条。根据零件图的视图表达方案,主视图将阀盖横放并采用两个相交的剖切平面剖开阀盖,并将其断面旋转成 *A-A* 剖视图。

补画左视图,并补全主视图、左视图中的漏线。

标注尺寸,确定表面粗糙度及尺寸公差。

图 8-23 是拆画阀盖的零件图。

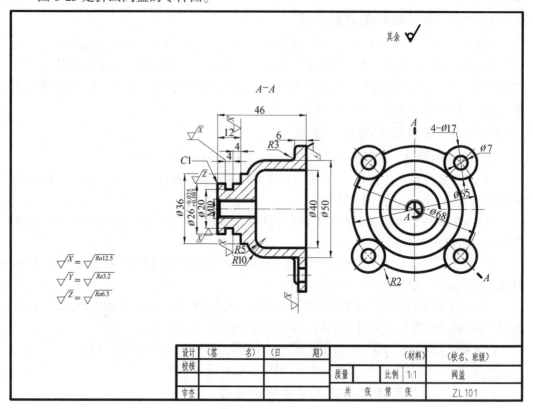

图 8-23　阀盖零件图

 习题

1.装配图的作用是什么？它包括哪些内容？

2.装配图有哪些规定画法？有哪些特殊画法？

3.装配图中需要标注哪几类尺寸？

4.试说明看装配图的方法和步骤。

5.试说明由装配图拆画零件图的方法和步骤。

附　录

一、螺纹

1.普通螺纹(GB/T 193—2003 和 GB/T 196—2003)

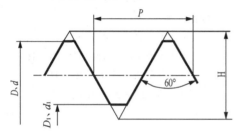

标记示例:

　　公称直径 24 mm,螺距 3 mm 粗牙右旋普通螺纹,其标记为:M24

　　公称直径 24 mm,螺距 1.5 mm 细牙左旋普通螺纹,其标记为:M24×1.5LH

附表 1　普通螺纹基本尺寸

公称直径 D、d		螺距 P		粗牙小径 D_1、d_1	公称直径 D、d		螺距 P		粗牙小径 D_1、d_1
第一系列	第二系列	粗牙	细牙		第一系列	第二系列	粗牙	细牙	
3		0.5	0.35	2.459		22	2.5	2,1.5,1	19.294
	3.5	0.6		2.850	24		3		20.752
4		0.7	0.5	3.242		27	3		23.752
	4.5	0.75		3.688	30		3.5	(3),2,1.5,1	26.211
5		0.8		4.134		33	3.5	(3),2,1.5	29.211
6		1	0.75	4.917	36		4	3,2,1.5	31.670
8		1.25	1,0.75	6.647		39	4		34.670
10		1.5	1.25,1,0.75	8.376	42		4.5		37.129
12		1.75	1.25,1	10.106		45	4.5		40.129
	14	2	1.5,1.25[1],1	11.835	48		5	4,3,2,1.5	42.587
16		2	1.5,1	13.835		52	5		46.587
	18	2.5	2,1.5,1	15.294	56		5.5		50.046
20		2.5	2,1.5,1	17.294					

注:

1.优先选用第一系列,括号内尺寸尽可能不用。

2.公称直径 D、d 第三系列未列入。

3.中径 D_2、d_2 未列入。

①M14×1.25 仅用于火花塞。

2.管螺纹

55°密封管螺纹（GB/T 7306.2—2000）　　　　　55°非密封管螺纹（GB/T 7307—2001）

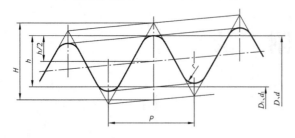　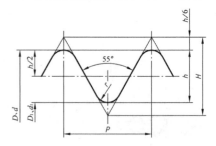

螺纹锥度为1:16,基本直径在基准平面内确定

$H = 0.960\ 237 \cdot P$　$h = 0.640\ 327 \cdot P$　$r = 0.137\ 278 \cdot P$

标记示例：

3/4 的右旋圆锥内螺纹：Rc 3/4

3/4 的右旋圆锥外螺纹：R_2 3/4

3/4 的左旋圆锥内螺纹：Rc 3/4 LH

3/4 的右旋圆锥内螺纹与圆锥外螺纹组成的螺纹副：

Rc/R_2 3/4

$H = 0.960\ 491 \cdot P$　$h = 0.640\ 327 \cdot P$

$r = 0.137\ 329 \cdot P$

标记示例：

1/2 A 级右旋外螺纹：G1/2A

1/2 B 级左旋外螺纹：G1/2B-LH

1/2 右旋内螺纹：G1/2B-LH

螺纹副用外螺纹标记代号表示

附表2　55°管螺纹尺寸代号及基本尺寸　　　　　（单位:mm）

尺寸代号	每25.4 mm 内的牙数 n	螺距 P	牙高 h	基本直径			基准距离（圆锥）
				大径 $d = D$	中径 $d_2 = D_2$	小径 $d_1 = D_1$	
1/16	28	0.907	0.581	7.723	7.142	6.561	4
1/8	28	0.907	0.581	9.728	9.147	8.566	4
1/4	19	1.337	0.856	13.157	12.301	11.445	6
3/8	19	1.337	0.856	16.662	15.806	14.950	6.4
1/2	14	1.814	1.162	20.955	19.793	18.631	8.2
3/4	14	1.814	1.162	26.441	25.279	24.117	9.5
1	11	2.309	1.479	33.249	31.770	30.291	10.4
$1\frac{1}{4}$	11	2.309	1.479	41.910	40.431	38.952	12.7
$1\frac{1}{2}$	11	2.309	1.479	47.803	46.324	44.845	12.7
2	11	2.309	1.479	59.614	58.135	56.656	15.9

续表

尺寸代号	每25.4 mm 内的牙数 n	螺距 P	牙高 h	基本直径			基准距离（圆锥）
				大径 $d=D$	中径 $d_2=D_2$	小径 $d_1=D_1$	
$2\frac{1}{2}$	11	2.309	1.479	75.184	73.705	72.226	17.5
3	11	2.309	1.479	87.884	86.405	84.926	20.6
4	11	2.309	1.479	113.030	111.551	110.072	25.4
5	11	2.309	1.479	138.430	136.951	135.472	28.6
6	11	2.309	1.479	163.830	162.351	160.872	28.6

二、常用标准件

1.六角头螺栓

六角头螺栓　C 级（GB/T 5780—2000）　　　　　　六角头螺栓　A 和 B 级（GB/T 5782—2000）

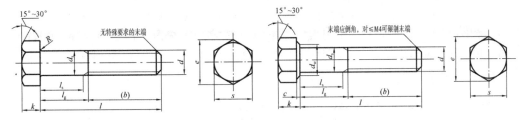

标记示例：

螺纹规格 d = M12,公称长度 l = 80,性能等级为 4.8 级,不经表面处理,产品等级为 C 级的六角头螺栓标记为:螺栓 GB/T 5780 M12×80

螺纹规格 d = M12,公称长度 l = 80,性能等级为 8.8 级,表面氧化,产品等级为 A 级的六角头螺栓标记为:螺栓 GB/T 5782 M12×80

附表3　六角头螺栓各部分尺寸　　　　　　　　（单位:mm）

螺纹规格 d		M3	M4	M5	M6	M8	M10	M12	M16	M20	M24	M30	M36
b 参考	$l\leqslant125$	12	14	16	18	22	26	30	38	46	54	66	78
	$125<l\leqslant200$	18	20	22	24	28	32	36	44	52	60	72	84
	$l>200$	31	33	35	37	41	45	49	57	65	73	85	97
c	max	0.4	0.4	0.5	0.5	0.6	0.6	0.6	0.8	0.8	0.8	0.8	0.8
	min	0.15	0.15	0.15	0.15	0.15	0.15	0.15	0.2	0.2	0.2	0.2	0.2

续表

螺纹规格 d			M3	M4	M5	M6	M8	M10	M12	M16	M20	M24	M30	M36
d_w min	产品等级	A	4.57	5.88	6.88	8.88	11.63	14.63	16.63	22.49	28.19	33.61	—	—
		B	4.45	5.74	6.74	8.74	11.47	14.47	16.44	22	27.7	33.25	42.75	51.11
e min	产品等级	A	6.07	7.66	8.79	11.05	14.38	17.77	20.03	26.75	33.53	39.98	—	—
		B	5.88	7.5	8.63	10.98	14.20	17.59	19.85	26.17	32.95	39.55	50.85	60.79
k	公称		2	2.8	3.5	4	5.3	6.4	7.5	10	12.5	15	18.7	22.5
r	min		0.1	0.2	0.2	0.25	0.4	0.4	0.6	0.6	0.8	0.8	1	1
s	公称 = max		5.5	7	8	10	13	16	18	24	30	36	46	55
l 商品规格范围			20~30	25~40	25~50	30~60	40~80	45~100	50~120	65~160	80~200	90~240	110~300	140~360
l 系列			20,25,30,35,40,45,50,55,60,65,70,80,90,100,110,120,130,140,150,160, 180,200,220,240,260,280,300,320,340,360,380,400											

注：

1. GB/T 5780—2000 规定了螺纹规格为 M5-M64 的 C 级六角头螺栓；GB/T 5782—2000 规定了螺纹规格为 M1.6-M64 的 A 级和 B 级六角头螺栓，A 级用于 $d \leqslant 24$ 和 $l \leqslant 10d$ 或 $l \leqslant 150$ mm 的螺栓，B 级用于 $d > 24$ 和 $l > 10d$ 或 $l > 150$ mm 的螺栓。

2. 钢材料六角头螺栓 C 级性能等级包括 3.6 级、4.6 级和 4.8 级；A 级和 B 级性能等级包括 5.6 级、8.8 级、9.8 级和 10.9 级。性能等级标记代号由"·"隔开的两部分数字组成，第一部分数字表示公称抗拉强度的 1/100；第二部分数字表示公称屈服点或公称屈服强度与公称抗拉强度的比值（屈强比）的 10 倍。

2.双头螺柱

GB/T 897—1988($b_m = d$)　　GB/T 898—1988($b_m = 1.25d$)

GB/T 899—1988($b_m = 1.5d$)　　GB/T 900—1988($b_m = 2d$)

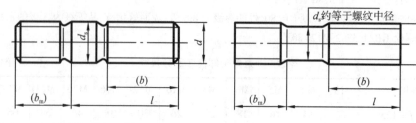

标记示例：

两端均为粗牙普通螺纹，$d = 10$ mm，$l = 50$ mm，性能等级为 4.8 级，B 型，$b_m = d$ 的双头螺柱：

螺柱 GB/T 897 M10×50

A 型：螺柱 GB/T 897 AM10×50

附表4　双头螺柱各部分尺寸　　　　　　　　　　　　（单位：mm）

螺纹规格 d		M5	M6	M8	M10	M12	M16	M20	M24	M30	M36	M42
b_{m}	GB 897 —1988	5	6	8	10	12	16	20	24	30	36	42
	GB 898 —1988	6	8	10	12	15	20	25	30	38	45	52
	GB 899 —1988	8	10	12	15	18	24	30	36	45	54	65
	GB 900 —1988	10	12	16	20	24	32	40	48	60	72	84
d_{s}		5	6	8	10	12	16	20	24	30	36	42
l/b		$\dfrac{16\sim22}{10}$	$\dfrac{20\sim22}{10}$	$\dfrac{20\sim22}{12}$	$\dfrac{25\sim28}{14}$	$\dfrac{25\sim30}{16}$	$\dfrac{30\sim38}{20}$	$\dfrac{35\sim40}{25}$	$\dfrac{45\sim50}{30}$	$\dfrac{60\sim65}{40}$	$\dfrac{65\sim75}{45}$	$\dfrac{65\sim80}{50}$
		$\dfrac{25\sim50}{16}$	$\dfrac{25\sim30}{14}$	$\dfrac{25\sim30}{16}$	$\dfrac{30\sim38}{16}$	$\dfrac{32\sim40}{20}$	$\dfrac{40\sim45}{30}$	$\dfrac{45\sim65}{35}$	$\dfrac{55\sim75}{45}$	$\dfrac{70\sim90}{50}$	$\dfrac{80\sim100}{60}$	$\dfrac{85\sim110}{70}$
			$\dfrac{32\sim75}{18}$	$\dfrac{32\sim90}{22}$	$\dfrac{40\sim120}{26}$	$\dfrac{45\sim120}{30}$	$\dfrac{60\sim120}{38}$	$\dfrac{70\sim120}{46}$	$\dfrac{80\sim120}{54}$	$\dfrac{95\sim120}{60}$	$\dfrac{120}{78}$	$\dfrac{120}{90}$
					$\dfrac{130}{32}$	$\dfrac{130\sim180}{36}$	$\dfrac{130\sim200}{44}$	$\dfrac{130\sim200}{52}$	$\dfrac{130\sim200}{60}$	$\dfrac{130\sim200}{72}$	$\dfrac{130\sim200}{84}$	$\dfrac{130\sim200}{96}$
										$\dfrac{210\sim250}{85}$	$\dfrac{210\sim300}{91}$	$\dfrac{210\sim300}{109}$
l 系列		16,(18),20,(22),25,(28),30,(32),35,(38),40,45,50,(55),60,(65),70,(75), 80,(85),90,(95),100,110,120,130,140,150,160,170,180,190,200,210,220,230, 240,250,260,280,300										

注：
括号内规格尽可能不采用。

3.螺钉

内六角圆柱头螺钉（GB/T 70.1—2008）

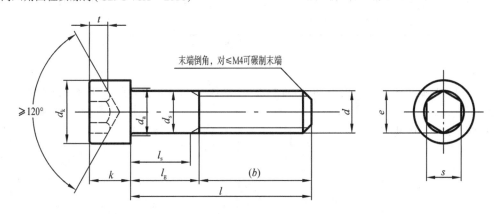

标记示例：

　　螺纹规格 d=M5，公称长度 l=20 mm，性能等级为 8.8 级，表面氧化的 A 级内六角圆柱头螺钉：

　　螺钉 GB/T 70.1 M5×20

附表 5　内六角圆柱头螺钉各部分尺寸　　　　　　　　（单位：mm）

螺纹规格 d		M3	M4	M5	M6	M8	M10	M12	M16	M20	M24	M30	M36
b 参考		18	20	22	24	28	32	36	44	52	60	72	84
d_k max	光滑头部	5.5	7	8.5	10	13	16	18	24	30	36	45	54
	滚花头部	5.68	7.22	8.72	10.22	13.27	16.27	18.27	24.33	30.33	36.39	45.39	54.46
k	max	3	4	5	6	8	10	12	16	20	24	30	36
t	min	1.3	2	2.5	3	4	5	6	8	10	12	15.5	19
e	min	2.873	3.443	4.583	5.723	6.683	9.143	11.429	15.996	19.437	21.734	25.154	30.854
s	公称	2.5	3	4	5	6	8	10	14	17	19	22	27
l 商品规格范围		5～30	6～40	8～50	10～60	12～80	16～100	20～120	25～160	30～200	40～200	45～200	55～300
l 系列		2.5,3,4,5,6,8,10,12,16,20,25,30,35,40,45,50,55,60,65,70,80,90,100,110, 120,130,140,150,160,180,200,220,240,260,280,300											

注：

1. 标准规定螺钉规格 M1.6-M64。

2. 钢材料螺钉性能等级包括 8.8 级、10.9 级和 12.9 级。

开槽圆柱头螺钉（GB/T 65—2000）　　　　　　　　开槽沉头螺钉（GB/T 68—2000）

开槽盘头螺钉（GB/T 67—2008）

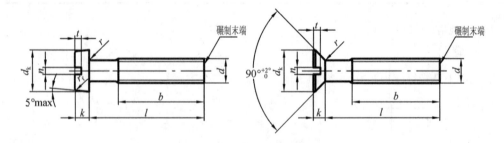

标记示例：

　　螺纹规格 d=M5，公称长度 l=20，性能等级为 4.8 级，不经表面处理的 A 级开槽沉头螺钉标记为：

　　螺钉 GB/T 68 M5×20

附表 6　开槽螺钉各部分尺寸　　　　　　　　（单位：mm）

螺纹规格 d		M1.6	M2	M2.5	M3	（M3.5）	M4	M5	M6	M8	M10
a	max	0.7	0.8	0.9	1	1.2	1.4	1.6	2	2.5	3
b	min	25	25	25	25	38	38	38	38	38	38
n	公称	0.4	0.5	0.6	0.8	1	1.2	1.2	1.6	2	2.5
t min	GB/T 65	0.45	0.6	0.7	0.85	1	1.1	1.3	1.6	2	2.4
	GB/T 67	0.35	0.5	0.6	0.7	0.8	1	1.2	1.4	1.9	2.4
	GB/T 68	0.32	0.4	0.5	0.6	0.9	1	1.1	1.2	1.8	2
d_k 公称＝max	GB/T 65	3	3.8	4.5	5.5	6	7	8.5	10	13	16
	GB/T 67	3.2	4.2	5	5.6	7	8	9.5	12	16	20
	GB/T 68	3	3.8	4.7	5.5	7.3	8.4	9.3	11.3	15.8	18.3
k 公称＝max	GB/T 65	1.1	1.4	1.8	2	2.4	2.6	3.3	3.9	5	6
	GB/T 67	1	1.3	1.5	1.8	2.1	2.4	3	3.6	4.8	6
	GB/T 68	1	1.2	1.5	1.65	2.35	2.7	2.7	3.3	4.65	5
l 商品规格范围	GB/T 65	2～16	3～20	3～25	4～30	5～35	5～40	6～50	8～60	10～80	12～80
	GB/T 67	2～16	2.5～20	3～25	4～30	5～35	5～40	6～50	8～60	10～80	12～80
	GB/T 68	2.5～16	3～20	4～25	5～30	6～35	6～40	8～50	8～60	10～80	12～80
全螺纹 $b＝l－a$	GB/T 65	$l≤30$					$l≤40$				
	GB/T 67										
	GB/T 68						$l≤45$				
l 系列		2，2.5，3，4，5，6，8，10，12，（14），16，20，25，30，35，40，45，50，（55），60，（65），70，（75），80									

注：

1.标准规定螺钉规格 M1.6-M10。

2.开槽圆柱头螺钉、开槽盘头螺钉结构相近。

3.无螺纹部分杆径约等于螺纹中径或允许等于螺纹大径。

4.括号内规格尽可能不采用。

5.长度系列中螺钉 GB/T 65 无 2.5 mm 规格；螺钉 GB/T 68 无 2 mm 规格。

4.紧定螺钉

开槽长圆柱端紧定螺钉(GB/T 75—1985)　　　内六角圆柱端紧定螺钉(GB/T 79—2007)

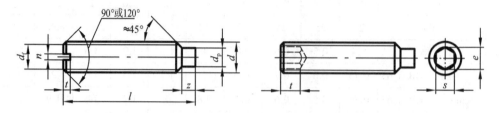

标记示例：

螺纹规格为 M6,公称长度 l = 12 mm,性能等级为 45H 级,表面氧化处理的 A 级内六角圆柱端紧定螺钉标记为：

螺钉 GB/T 79 M6×12

附表7　圆柱端紧定螺钉各部分尺寸　　　　　　　　（单位:mm）

螺纹规格 d			M1.6	M2	M2.5	M3	M4	M5	M6	M8	M10	M12	M14	M20	M24
d_p		max	0.8	1	1.5	2	2.5	3.5	4	5.5	7	8.5	12	15	18
z 长圆柱端		max	1.05	1.25	1.5	1.75	2.25	2.75	3.25	4.3	5.3	6.3	8.36	10.36	12.43
		min	0.8	1	1.25	1.5	2	2.5	3	4	5	6	8	10	12
GB/T 75	t	min	0.56	0.64	0.72	0.8	1.12	1.28	1.6	2	2.4	2.8	—	—	—
	n	公称	0.25	0.25	0.4	0.4	0.6	0.8	1	1.2	1.6	2	—	—	—
	l 商品范围	短	2.5	3	4	5	6	8	8,0	10,12	12,16	16,20	—	—	—
		长	3~8	4~10	5~12	6~12	8~20	10~25	12~30	16~40	20~50	25~60	—	—	—
GB/T 79	t min	短	0.7	0.8	1.2	1.2	1.5	2	2	3	4	4.8	6.4	8	10
		长	1.5	1.7	2	2	2.5	3	3.5	5	6	8	10	12	15
	e	min	0.809	1.011	1.454	1.733	2.303	2.873	3.443	4.583	5.723	6.863	9.149	11.429	13.716
	s	公称	0.7	0.9	1.3	1.5	2	2.5	3	4	5	6	8	10	12
	l 商品范围	短	2,2.5	2.5,3	3,4	4,5	5,6	6	8	8,10	10,12	12,16	16,20	20,25	25,30
		长	3~8	4~10	5~12	6~12	8~20	8~25	10~30	12~40	16~50	20~60	25~60	30~60	35~60
l 系列			2,2.5,3,4,5,6,8,10,12,16,20,25,30,35,40,45,50,55,60												

注：

1.标准规定开槽长圆柱端紧定螺钉规格 M1.6-M12;内六角圆柱端紧定螺钉规格 M1.6-M24。

2.d_f ≈ 螺纹小径。

5.螺母

1 型六角螺母(GB/T 6170—2000)　　　　　　六角薄螺母(GB/T 6172.1—2000)

2 型六角螺母(GB/T 6175—2000)

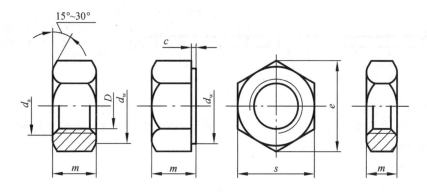

标记示例:

　　螺纹规格 D=M12,性能等级为 8 级,不经表面处理,产品等级 A 级的 1 型六角螺母标记为:

　　螺母 GB/T 6170 M12

附表 8　螺母各部分尺寸　　　　　　　　　　（单位:mm）

螺纹规格 D		M3	M4	M5	M6	M8	M10	M12	M16	M20	M24	M30	M36
c	max	0.4	0.4	0.5	0.5	0.6	0.6	0.6	0.8	0.8	0.8	0.8	0.8
d_a	max	3.45	4.6	5.75	6.75	8.75	10.8	13	17.3	21.6	25.9	32.4	38.9
d_w	min	4.6	5.9	6.9	8.9	11.6	14.6	16.6	22.5	27.7	33.2	42.7	51.1
e	min	6.01	7.66	8.79	11.05	14.38	17.77	20.03	26.75	32.95	39.55	50.85	60.79
s	公称=max	5.5	7	8	10	13	16	18	24	30	36	46	55
GB/T 6170	max	2.4	3.2	4.7	5.2	6.8	8.4	10.8	14.8	18	21.5	25.6	31
m	min	2.15	2.9	4.4	4.9	6.44	8.04	10.37	14.1	16.9	20.2	24.3	29.4
GB/T 6172	max	1.8	2.2	2.7	3.2	4	5	6	8	10	12	15	18
m	min	1.55	1.95	2.45	2.9	3.7	4.7	5.7	7.42	9.1	10.9	13.9	16.9
GB/T 6175	max	—	—	5.1	5.7	7.5	9.3	12	16.4	20.3	23.9	28.6	34.7
m	min	—	—	4.8	5.4	7.14	8.94	11.57	15.7	19	22.6	27.3	33.1

注:

　　1.GB/T 6170、GB/T 6172.1 规格 M1.6-M64;GB/T 6175 规格 M5-M36。

　　2.产品等级:A 级用于 $D \leqslant 16$ mm 的螺母;B 级用于 $D > 16$ mm 的螺母。

6.平垫圈

小垫圈—A 级（GB/T 848—2002）

平垫圈—A 级（GB/T 97.1—2002）

平垫圈倒角型—A 级（GB/T 97.2—2002）

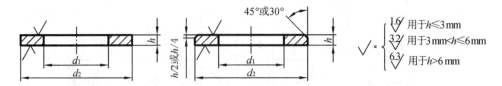

标记示例：

标准系列，公称规格 8 mm，由钢制造的硬度等级为 200HV 级，不经表面处理，产品等级 A 级，倒角型平垫圈标记为：

垫圈 GB/T 97.2 8

附表 9　垫圈各部分尺寸　　　　　　　　　　　（单位：mm）

公称规格（螺纹大径 d）		3	4	5	6	8	10	12	14	16	20	24	30
内径 d_1	公称/min	3.2	4.3	5.3	6.4	8.4	10.5	13	15	17	21	25	31
外径 d_2	公称（max） GB/T 848	6	8	9	11	15	18	20	24	28	34	39	50
	GB/T 97.1 GB/T 97.2	7	9	10	12	16	20	24	28	30	37	44	56
厚度 h	公称 GB/T 848	0.5	0.5	1	1.6	1.6	1.6	2	2.5	2.5	3	4	4
	GB/T 97.1 GB/T 97.2	0.5	0.8	1	1.6	1.6	2	2.5	2.5	3	3	4	4

7.平键的剖面及键槽

普通型　平键（GB/T 1096—2003）

平键　键槽的剖面尺寸（GB/T 1095—2003）

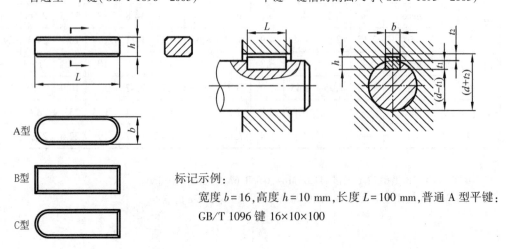

A 型

B 型

C 型

标记示例：

宽度 $b = 16$，高度 $h = 10$ mm，长度 $L = 100$ mm，普通 A 型平键：

GB/T 1096 键 16×10×100

附表10　普通平键各部分尺寸与公差　　(单位:mm)

轴 公称直径 d 大于	至	键尺寸 b×h	C 或 r	L 范围	键槽 宽度 b 基本尺寸	正常连接 轴 N9	正常连接 毂 J9	紧连接 轴和毂 P9	轴 t_1 基本尺寸	轴 t_1 极限偏差	毂 t_2 基本尺寸	毂 t_2 极限偏差	半径 r max	半径 r min
6	8	2×2	0.16~0.25	6~20	2	-0.004 / -0.029	±0.012 5	-0.006 / -0.031	1.2	+0.10	1	+0.10	0.16	0.08
8	10	3×3	0.16~0.25	6~36	3	-0.004 / -0.029	±0.012 5	-0.006 / -0.031	1.8	+0.10	1.4	+0.10	0.16	0.08
10	12	4×4	0.25~0.40	8~45	4	0 / -0.030	±0.015 0	-0.012 / -0.042	2.5	+0.10	1.8	+0.10	0.25	0.16
12	17	5×5	0.25~0.40	10~56	5	0 / -0.030	±0.015 0	-0.012 / -0.042	3.0	+0.10	2.3	+0.10	0.25	0.16
17	22	6×6	0.25~0.40	14~70	6	0 / -0.030	±0.015 0	-0.012 / -0.042	3.5	+0.10	2.8	+0.10	0.25	0.16
22	30	8×7	0.40~0.60	18~90	8	0 / -0.036	±0.018 0	-0.015 / -0.051	4.0	+0.20	3.3	+0.20	0.40	0.25
30	38	10×8	0.40~0.60	22~110	10	0 / -0.036	±0.018 0	-0.015 / -0.051	5.0	+0.20	3.3	+0.20	0.40	0.25
38	44	12×8	0.40~0.60	28~140	12	0 / -0.043	±0.021 5	-0.018 / -0.061	5.0	+0.20	3.3	+0.20	0.40	0.25
44	50	14×9	0.40~0.60	36~160	14	0 / -0.043	±0.021 5	-0.018 / -0.061	5.5	+0.20	3.8	+0.20	0.40	0.25
50	58	16×10	0.40~0.60	45~180	16	0 / -0.043	±0.021 5	-0.018 / -0.061	6.0	+0.20	4.3	+0.20	0.40	0.25
58	65	18×11	0.40~0.60	50~200	18	0 / -0.043	±0.021 5	-0.018 / -0.061	7.0	+0.20	4.4	+0.20	0.40	0.25
65	75	20×12	0.60~0.80	56~220	20	0 / -0.052	±0.026 0	-0.022 / -0.074	7.5	+0.20	4.9	+0.20	0.60	0.40
75	85	22×14	0.60~0.80	63~250	22	0 / -0.052	±0.026 0	-0.022 / -0.074	9.0	+0.20	5.4	+0.20	0.60	0.40
85	95	25×14	0.60~0.80	70~280	25	0 / -0.052	±0.026 0	-0.022 / -0.074	9.0	+0.20	5.4	+0.20	0.60	0.40
95	110	28×16	0.60~0.80	80~320	28	0 / -0.052	±0.026 0	-0.022 / -0.074	10.0	+0.20	6.4	+0.20	0.60	0.40

注:

1.长度系列6,8,10,12,14,16,18,20,22,25,28,32,36,40,45,50,56,63,70,80,90,100,110,125,140,160,180,200,220,250,280,320,360,400,450,500。

2.在零件中轴上键槽深用 $d-t_1$ 标注;轮毂上键槽深用 $d+t_2$ 标注。键槽的极限偏差按照 t_1(轴)和 t_2(毂)的极限偏差选取,但轴上键槽深($d-t_1$)的极限偏差应取负号。

3.松连接键槽的极限偏差轴为 H9,毂为 D10。

8.销

不淬硬钢和奥氏体不锈钢圆柱销(GB/T 119.1—2000)

淬硬钢和马氏体不锈钢圆柱销(GB/T 119.2—2000)

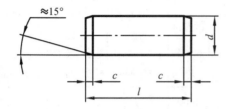

标记示例：

　　公称直径 $d=6$ mm，公称长度 $l=30$ mm，材料为钢，不经淬火，不经表面处理的圆柱销：

　　　　销 GB/T 119.1 6×30

附表 11　圆柱销各部分尺寸　　　　　　　　　（单位：mm）

	d	3	4	5	6	8	10	12	16	20	25	30	40
	$c\approx$	0.5	0.63	0.8	1.2	1.6	2	2.5	3	3.5	4	5	6.3
l 范围	GB/T 119.1	8~30	8~40	10~50	12~60	14~80	18~95	22~140	26~180	35~200	50~200	60~200	80~200
	GB/T 119.2	8~30	10~40	12~50	14~60	18~80	22~100	26~100	40~100	50~100	—	—	—
公称长度 l 系列			2,3,4,5,6,8,10,12,14,16,18,20,22,24,26,28,30,32,35,40,45,50,55,60,65,70,75,80,85,90,95,100,120,140,160,180,200										

圆锥销(GB/T 117—2000)

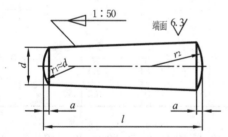

标记示例：

　　公称直径 $d=6$ mm，公称长度 $l=30$ mm，材料为 35 钢，热处理硬度 28~38HRC，表面氧化处理的 A 型圆锥销：

　　　　销 GB/T 117 6×30

附表 12　圆锥销各部分尺寸　　　　　　　　　（单位：mm）

	d	3	4	5	6	8	10	12	16	20	25	30	40	50
	$a\approx$	0.4	0.5	0.63	0.8	1	1.2	1.6	2	2.5	3	4	5	6.3
	l 范围	12~45	14~55	18~60	22~90	22~120	26~160	32~160	40~200	45~200	50~200	55~200	60~200	65~200
公称长度 l 系列		2,3,4,5,6,8,10,12,14,16,18,20,22,24,26,28,30,32,35,40,45,50,55,60,65,70,75,80,85,90,95,100,120,140,160,180,200												

注：

1.公称长度大于 200 mm，按 20 mm 递增。

2.A 型（磨削），锥面表面粗糙度 $Ra=0.8$ μm；B 型（切削或冷镦），锥面表面粗糙度 $Ra=3.2$ μm。

开口销（GB/T 91—2000）

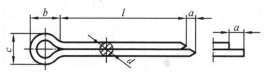

标记示例：

公称规格 5 mm，公称长度 $l=50$ mm，材料为 Q215 或 Q235，不经处理的开口销：

销 GB/T 91 5×50

附表13　开口销各部分尺寸　　　　　（单位：mm）

公称规格		1	1.2	1.6	2	2.5	3.2	4	5	6.3	8	10	13	16
d	max	0.9	1	1.4	1.8	2.3	2.9	3.7	4.6	5.9	7.5	9.5	12.4	15.4
a	max	1.6	2.5	2.5	2.5	2.5	3.2	4	4	4	4	6.3	6.3	6.3
$b\approx$		3	3	3.2	4	5	6.4	8	10	12.6	16	20	26	32
c	max	1.8	2.0	2.8	3.6	4.6	5.8	7.4	9.2	11.8	15	19	24.8	30.8
	min	1.6	1.7	2.4	3.2	4	5.1	6.5	8	10.3	13.1	16.6	21.7	27
l 范围		6~20	8~25	8~32	10~40	12~50	14~63	18~80	22~100	32~125	40~160	45~200	71~250	112~280
公称长度 l 系列		4,5,6,8,10,12,14,16,18,20,22,25,28,32,36,40,45,50,56,63,71,80,90,100,112, 125,140,160,180,200,224,250,280												

注：

公称规格等于开口销直径，标准规定规格为 0.6~20 mm。

9.滚动轴承

深沟球轴承外形尺寸（GB/T 276—1994）　　　圆锥滚子轴承外形尺寸（GB/T 297—1994）

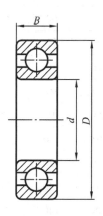

标记示例：

轴承内径 d 为 60 mm，尺寸系列代号（1）0 的深沟球轴承标记为：

滚动轴承 6012 GB/T 276

轴承内径 d 为 25 mm，尺寸系列代号 02 的圆锥滚子轴承标记为：

滚动轴承 30205 GB/T 297

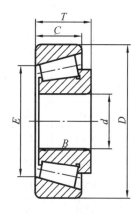

附表 14　深沟球轴承各部分尺寸

轴承型号	尺寸/mm			轴承型号	尺寸/mm		
	d	D	B		d	D	B
604	4	12	4	633	3	13	5
605	5	14	5	634	4	16	5
…	…	…	…	635	5	19	6
609	9	24	7	6300	10	35	11
6000	10	26	8	6301	12	37	12
6001	12	28	8	6302	15	42	13
6002	15	32	9	6303	17	47	14
6003	17	35	10	6304	20	52	15
6004	20	42	12	63/22	22	56	16
60/22	22	44	12	6305	25	62	17
6005	25	47	12	63/28	28	68	18
60/28	28	52	12	6306	30	72	19
6006	30	55	13	63/32	32	75	20
60/32	32	58	13	6307	35	80	21
6007	35	62	14	6308	40	90	23
6008	40	68	15	6309	45	100	25
…	…	…	…	…	…	…	…
623	3	10	4	6403	17	62	17
624	4	13	5	6404	20	72	19
…	…	…	…	6405	25	80	21
629	9	26	8	6406	30	90	23
6200	10	30	9	6407	35	100	25
6201	12	32	10	6408	40	110	27
6202	15	35	11	6409	45	120	29
6203	17	40	12	6410	50	130	31
6204	20	47	14	6411	55	140	33
62/22	22	50	14	6412	60	150	33
6205	25	52	15	6413	65	160	35
62/28	28	58	16	6414	70	180	37

轴承型号左侧分组：10 系列、02 系列、03 系列、04 系列

续表

轴承型号		尺寸/mm			轴承型号		尺寸/mm		
		d	D	B			d	D	B
02系列	6206	30	62	16	04系列	6415	75	190	42
	62/32	32	65	17		6416	80	200	48
	6208	40	80	18		6417	85	210	52
	6209	45	85	19		6418	90	225	54
	…	…	…	…		…	…	…	…

三、技术要求

1.表面粗糙度

产品几何技术规范(GPS)技术产品文件中表面结构的表示法（GB/T 131—2006）

产品几何技术规范(GPS)表面结构　轮廓法　表面粗糙度参数及其数值(GB/T 1031—2009)

附表15　表面粗糙度参数及数值系列

参数	数值/μm		推荐的取样长度 l_r/mm	
	优选系列	补充系列		
Ra	0.012	0.008,0.01,0.016,0.02	≥0.008~0.02	0.08
	0.025,0.05,0.1	0.032,0.4,0.063,0.08	>0.02~0.1	0.25
	0.2,0.4,0.8,1.6	0.125,0.16,0.25,0.32,0.5, 0.63,1,1.25,2	>0.1~2	0.8
	3.2,6.3, 12.5,25,50,100	2.5,4,5,8,10 16,20,32,40,63,80	>2~10 >10~80	2.5 8
Rz	0.025,0.05,0.1	0.032,0.04,0.063,0.08	≥0.025~0.1	0.08
	0.2,0.4	0.125,0.16,0.25,0.32,0.5	>0.1~0.5	0.25
	0.8,1.6,3.2,6.3	0.63,1,1.25,2,2.5,4,5,8,10	>0.5~10	0.8
	12.5,25,50, 100,200, 400,800,1 600	16,20,32,40, 63,80,125,160,250,320, 500,630,1 000,1 250	>10~50 >50~320	2.5 8

注：

在幅度参数常用的数值范围内(Ra 为 0.025~6.3 μm, Rz 为 0.1~ 25 μm)推荐优先选用 Ra 。

2.极限与配合

产品几何技术规范(GPS)极限与配合　公差带和配合的选择（GB/T 1801—2009）、产品几何技术规范(GPS)极限与配合　第1部分:公差、偏差和配合的基础(GB/T 1800.1—2009)、产品几何技术规范(GPS)极限与配合　第2部分:标准公差等级和孔轴极限偏差表(GB/T 1800.2—2009)

附表 16　基孔制优先、常用配合

基孔制	a	b	c	d	e	f	g	h	js	k	m	n	p	r	s	t	u	v	x	y	z
			间隙配合						过渡配合			过盈配合									
H6						$\frac{H6}{f5}$	$\frac{H6}{g5}$	$\frac{H6}{h5}$	$\frac{H6}{js5}$	$\frac{H6}{k5}$	$\frac{H6}{m5}$	$\frac{H6}{n5}$	$\frac{H6}{p5}$	$\frac{H6}{r5}$	$\frac{H6}{s5}$	$\frac{H6}{t5}$					
H7						$\frac{H7}{f6}$	$\frac{H7}{g6}$	$\frac{H7}{h6}$	$\frac{H7}{js6}$	$\frac{H7}{k6}$	$\frac{H7}{m6}$	$\frac{H7}{n6}$	$\frac{H7}{p6}$	$\frac{H7}{r6}$	$\frac{H7}{s6}$	$\frac{H7}{t6}$	$\frac{H7}{u6}$	$\frac{H7}{v6}$	$\frac{H7}{x6}$	$\frac{H7}{y6}$	$\frac{H7}{z6}$
H8					$\frac{H8}{e7}$	$\frac{H8}{f7}$	$\frac{H8}{g7}$	$\frac{H8}{h7}$	$\frac{H8}{js7}$	$\frac{H8}{k7}$	$\frac{H8}{m7}$	$\frac{H8}{n7}$	$\frac{H8}{p7}$	$\frac{H8}{r7}$	$\frac{H8}{s7}$	$\frac{H8}{t7}$	$\frac{H8}{u7}$				
H8				$\frac{H8}{d8}$	$\frac{H8}{e8}$	$\frac{H8}{f8}$		$\frac{H8}{h8}$													
H9			$\frac{H9}{c9}$	$\frac{H9}{d9}$	$\frac{H9}{e9}$	$\frac{H9}{f9}$		$\frac{H9}{h9}$													
H10			$\frac{H10}{c10}$	$\frac{H10}{d10}$				$\frac{H10}{h10}$													
H11	$\frac{H11}{a11}$	$\frac{H11}{b11}$	$\frac{H11}{c11}$	$\frac{H11}{d11}$				$\frac{H11}{h11}$													
H12		$\frac{H12}{b12}$						$\frac{H12}{h12}$													

注:

1. $\dfrac{H6}{n5}$、$\dfrac{H7}{p6}$ 在公称尺寸 ≤3 mm 时为过渡配合,$\dfrac{H8}{r7}$ 在公称尺寸 ≤100 mm 时为过渡配合。

2. 涂色的配合优先。

附表 17　基轴制优先、常用配合

基孔制	A	B	C	D	E	F	G	H	JS	K	M	N	P	R	S	T	U	V	X	Y	Z
			间隙配合						过渡配合			过盈配合									
h5						$\frac{F6}{h5}$	$\frac{G6}{h5}$	$\frac{H6}{h5}$	$\frac{JS6}{h5}$	$\frac{K6}{h5}$	$\frac{M6}{h5}$	$\frac{N6}{h5}$	$\frac{P6}{h5}$	$\frac{R6}{h5}$	$\frac{S6}{h5}$	$\frac{T6}{h5}$					
h6						$\frac{F7}{h6}$	$\frac{G7}{h6}$	$\frac{H7}{h6}$	$\frac{JS7}{h6}$	$\frac{K7}{h6}$	$\frac{M7}{h6}$	$\frac{N7}{h6}$	$\frac{P7}{h6}$	$\frac{R7}{h6}$	$\frac{S7}{h6}$	$\frac{T7}{h6}$	$\frac{U7}{h6}$				
h7					$\frac{E8}{h7}$	$\frac{F8}{h7}$		$\frac{H8}{h7}$	$\frac{JS8}{h7}$	$\frac{K8}{h7}$	$\frac{M8}{h7}$	$\frac{N8}{h7}$									

续表

基孔制	A	B	C	D	E	F	G	H	JS	K	M	N	P	R	S	T	U	V	X	Y	Z
			间隙配合						过渡配合				过盈配合								
h8				$\dfrac{D8}{h8}$	$\dfrac{E8}{h8}$	$\dfrac{F8}{h8}$		$\dfrac{H8}{h8}$													
h9				$\dfrac{D9}{h9}$	$\dfrac{E9}{h9}$	$\dfrac{F9}{h9}$		$\dfrac{H9}{h9}$													
h10				$\dfrac{D10}{h10}$				$\dfrac{H10}{h10}$													
h11	$\dfrac{A11}{h11}$	$\dfrac{B11}{h11}$	$\dfrac{C11}{h11}$	$\dfrac{D11}{h11}$				$\dfrac{H11}{h11}$													
h12		$\dfrac{B12}{h12}$						$\dfrac{H12}{h12}$													

注:涂色的配合优先。

附表 18　孔的极限偏差(一)　　　　　　　　　　　　　　　(单位:μm)

公称尺寸/mm		A	B	C	D				E		F				G	
大于	至	11	11	12	11	8	9	10	11	8	9	6	7	8	9	6	7
—	3	+330 +270	+200 +140	+240 +140	+120 +60	+34 +20	+45 +20	+60 +20	+80 +20	+28 +14	+39 +14	+12 +6	+16 +6	+20 +6	+31 +6	+8 +2	+12 +2
3	6	+345 +270	+215 +140	+260 +140	+145 +70	+48 +30	+60 +30	+78 +30	+105 +30	+38 +20	+50 +20	+18 +10	+22 +10	+28 +10	+40 +10	+12 +4	+16 +4
6	10	+370 +280	+240 +150	+300 +150	+170 +80	+62 +40	+76 +40	+98 +40	+130 +40	+47 +25	+61 +25	+22 +13	+28 +13	+35 +13	+49 +13	+14 +5	+20 +5
10	14	+400 +290	+260 +150	+330 +150	+205 +95	+77 +50	+93 +50	+120 +50	+160 +50	+59 +32	+75 +32	+27 +16	+34 +16	+43 +16	+59 +16	+17 +6	+24 +6
14	18																
18	24	+430 +300	+290 +160	+370 +160	+240 +110	+98 +65	+117 +65	+149 +65	+195 +65	+73 +40	+92 +40	+33 +20	+41 +20	+53 +20	+72 +20	+20 +7	+28 +7
24	30																
30	40	+470 +310	+330 +170	+420 +170	+280 +120	+119 +80	+142 +80	+180 +80	+240 +80	+89 +50	+112 +50	+41 +25	+50 +25	+64 +25	+87 +25	+25 +9	+34 +9
40	50	+480 +320	+340 +180	+430 +180	+290 +130												

续表

公称尺寸/mm 大于	至	A 11	B 11	B 12	C 11	D 8	D 9	D 10	D 11	E 8	E 9	F 6	F 7	F 8	F 9	G 6	G 7
50	65	+530/+340	+380/+190	+490/+190	+330/+140	+146/+100	+174/+100	+220/+100	+290/+100	+106/+60	+134/+60	+49/+30	+60/+30	+76/+30	+104/+30	+29/+10	+40/+10
65	80	+550/+360	+390/+200	+500/+200	+340/+150												
80	100	+600/+380	+440/+220	+570/+220	+390/+170	+174/+120	+207/+120	+260/+120	+340/+120	+125/+72	+159/+72	+58/+36	+71/+36	+90/+36	+123/+36	+34/+12	+47/+12
100	120	+630/+410	+460/+240	+590/+240	+400/+180												
120	140	+710/+460	+510/+260	+660/+260	+450/+200												
140	160	+770/+520	+530/+280	+680/+280	+460/+210	+208/+145	+245/+145	+305/+145	+395/+145	+148/+85	+185/+85	+68/+43	+83/+43	+106/+43	+143/+43	+39/+14	+54/+14
160	180	+830/+580	+560/+310	+710/+310	+480/+230												
180	200	+950/+660	+630/+340	+800/+340	+530/+240												
200	225	+1 030/+740	+670/+380	+840/+380	+550/+260	+242/+170	+285/+170	+355/+170	+460/+170	+172/+100	+215/+100	+79/+50	+96/+50	+122/+50	+165/+50	+44/+15	+61/+15
225	250	+1 110/+820	+710/+420	+880/+420	+570/+280												
250	280	+1 240/+920	+800/+480	+1 000/+480	+620/+300	+271/+190	+320/+190	+400/+190	+510/+190	+191/+110	+240/+100	+88/+56	+108/+56	+137/+56	+186/+56	+49/+17	+69/+17
280	315	+1 370/+1 050	+860/+540	+1 060/+540	+650/+330												
315	355	+1 560/+1 200	+960/+600	+1 170/+600	+720/+360	+299/+210	+350/+210	+440/+210	+780/+210	+214/+125	+265/+125	+98/+62	+119/+62	+151/+62	+202/+62	+54/+18	+75/+18
355	400	+1 710/+1 350	+1 040/+680	+1 250/+680	+760/+400												

续表

公称尺寸/mm 大于	至	A 11	B 11	B 12	C 11	D 8	D 9	D 10	D 11	E 8	E 9	F 6	F 7	F 8	F 9	G 6	G 7
400	450	+1 900 +1 500	+1 160 +760	+1 390 +760	+840 +440	+327 +230	+385 +230	+480 +230	+630 +230	+232 +135	+290 +135	+108 +68	+131 +68	+165 +68	+223 +68	+60 +20	+83 +20
450	500	+2 050 +1 650	+1 240 +840	+1 470 +840	+880 +480												

附表19　孔的极限偏差(二)　　　　　　　　　　　　　　　　（单位：μm）

公称尺寸/mm 大于	至	H 6	H 7	H 8	H 9	H 10	H 11	H 12	JS 6	JS 7	JS 8	K 6	K 7	K 8	M 6	M 7	M 8
—	3	+6 0	+10 0	+14 0	+25 0	+40 0	+60 0	+100 0	±3	±5	±7	0 −6	0 −10	0 −14	−2 −8	−2 −12	−2 −16
3	6	+8 0	+12 0	+18 0	+30 0	+48 0	+75 0	+120 0	±4	±6	±9	+2 −6	+3 −9	+5 −13	−1 −9	0 −12	+2 −16
6	10	+9 0	+15 0	+22 0	+36 0	+58 0	+90 0	+150 0	±4.5	±7	±11	+2 −7	+5 −10	+6 −16	−3 −12	0 −15	+1 −21
10	14	+11 0	+18 0	+27 0	+43 0	+70 0	+110 0	+180 0	±5.5	±9	±13	+2 −9	+6 −12	+8 −19	−4 −15	0 −18	+2 −25
14	18																
18	24	+13 0	+21 0	+33 0	+52 0	+84 0	+130 0	+210 0	±6.5	±10	±16	+2 −11	+6 −15	+10 −23	−4 −17	0 −21	+4 −29
24	30																
30	40	+16 0	+25 0	+39 0	+62 0	+100 0	+160 0	+250 0	±8	±12	±19	+3 −13	+7 −18	+12 −27	−4 −20	0 −25	+5 −34
40	50																
50	65	+19 0	+30 0	+46 0	+74 0	+120 0	+190 0	+300 0	±9.5	±15	±23	+4 −15	+9 −21	+14 −32	−5 −24	0 −30	+5 −41
65	80																
80	100	+22 0	+35 0	+54 0	+87 0	+140 0	+220 0	+350 0	±11	±17	±27	+4 −18	+10 −25	+16 −38	−6 −28	0 −35	+6 −48
100	120																
120	140	+25 0	+40 0	+63 0	+100 0	+160 0	+250 0	+400 0	±12.5	±20	±31	+4 −21	+12 −28	+20 −43	−8 −33	0 −40	+8 −55
140	160																
160	180																

续表

公称尺寸/mm 大于	至	H6	H7	H8	H9	H10	H11	H12	JS6	JS7	JS8	K6	K7	K8	M6	M7	M8
180	200	+29/0	+46/0	+72/0	+115/0	+185/0	+290/0	+460/0	±14.5	±23	±36	+5/-24	+13/-33	+22/-50	-8/-37	0/-46	+9/-63
200	225																
225	250																
250	280	+32/0	+52/0	+81/0	+130/0	+210/0	+320/0	+520/0	±16	±26	±40	+5/-27	+16/-36	+25/-56	-9/-41	0/-52	+9/-72
280	315																
315	355	+36/0	+57/0	+89/0	+140/0	+230/0	+360/0	+570/0	±18	±28	±44	+7/-29	+17/-40	+28/-61	-10/-46	0/-57	+11/-78
355	400																
400	450	+40/0	+63/0	+97/0	+155/0	+250/0	+400/0	+630/0	±20	±31	±48	+8/-32	+18/-45	+29/-68	-10/-50	0/-63	+11/-86
450	500																

附表 20　孔的极限偏差（三）　　　　　　　　　　　　　　　　　（单位：μm）

公称尺寸/mm 大于	至	N6	N7	N8	P6	P7	R6	R7	S6	S7	T6	T7	U7	V7	X7	Y7	Z7
—	3	-4/-10	-4/-14	-4/-18	-6/-12	-6/-16	-10/-16	-10/-20	-14/-20	-14/-24	—	—	-18/-28	—	-20/-30		-26/-36
3	6	-5/-13	-4/-16	-2/-20	-9/-17	-8/-20	-12/-20	-11/-23	-16/-24	-15/-27	—	—	-19/-31	—	-24/-36	—	-31/-43
6	10	-7/-16	-4/-19	-3/-25	-12/-21	-9/-24	-16/-25	-13/-28	-20/-29	-17/-32	—	—	-22/-37	—	-28/-43	—	-36/-51
10	14	-9/-20	-5/-23	-3/-30	-15/-26	-11/-29	-20/-31	-16/-34	-25/-36	-21/-39			-26/-44	—	-33/-51	—	-43/-61
14	18													-32/-50	-38/-56	—	-53/-71
18	24	-11/-24	-7/-28	-3/-36	-18/-31	-14/-35	-24/-37	-20/-41	-31/-44	-27/-48	—	—	-33/-54	-39/-60	-46/-67	-55/-76	-65/-86
24	30										-37/-50	-33/-54	-40/-61	-47/-68	-56/-77	-67/-88	-80/-101

续表

公称尺寸/mm		N			P		R		S		T		U	V	X	Y	Z
大于	至	6	7	8	6	7	6	7	6	7	6	7	7	7	7	7	7
30	40	−12/−28	−8/−33	−3/−42	−21/−37	−17/−42	−29/−45	−25/−50	−38/−54	−34/−59	−43/−59	−39/−64	−51/−76	−59/−84	−71/−96	−85/−110	−103/−128
40	50										−49/−65	−45/−70	−61/−86	−72/−97	−88/−113	−105/−130	−127/−152
50	65	−14/−33	−9/−39	−4/−50	−26/−45	−21/−51	−35/−54	−30/−60	−47/−66	−42/−72	−60/−79	−55/−85	−76/−106	−91/−121	−111/−141	−133/−163	−161/−191
65	80						−37/−56	−32/−62	−53/−72	−48/−78	−69/−88	−64/−94	−91/−121	−109/−139	−135/−165	−163/−193	−199/−229
80	100	−16/−38	−10/−45	−4/−58	−30/−52	−24/−59	−44/−66	−38/−73	−64/−86	−58/−93	−84/−106	−78/−113	−111/−146	−133/−168	−165/−200	−201/−236	−245/−280
100	120						−47/−69	−41/−76	−72/−94	−66/−101	−97/−119	−91/−126	−131/−166	−159/−194	−197/−232	−241/−276	−297/−332
120	140	−20/−45	−12/−52	−4/−67	−36/−61	−28/−68	−56/−81	−48/−88	−85/−110	−77/−117	−115/−140	−107/−147	−155/−195	−187/−227	−233/−273	−285/−325	−350/−390
140	160						−58/−83	−50/−90	−93/−118	−85/−125	−127/−152	−119/−159	−175/−215	−213/−253	−265/−305	−325/−365	−400/−440
160	180						−61/−86	−53/−93	−101/−126	−93/−133	−139/−164	−131/−171	−195/−235	−237/−277	−295/−335	−365/−405	−450/−490
180	200	−22/−51	−14/−60	−5/−77	−41/−70	−33/−79	−68/−97	−60/−106	−113/−142	−105/−151	−157/−186	−149/−195	−219/−265	−267/−313	−333/−379	−408/−454	−503/−549
200	225						−71/−100	−63/−109	−121/−150	−113/−159	−171/−200	−163/−209	−241/−287	−293/−339	−368/−414	−453/−499	−558/−604
225	250						−75/−104	−67/−113	−131/−160	−123/−169	−187/−216	−179/−225	−267/−313	−323/−369	−408/−454	−503/−549	−623/−669
250	280	−25/−57	−14/−66	−5/−86	−47/−79	−36/−88	−85/−117	−74/−126	−149/−181	−138/−190	−209/−241	−198/−250	−295/−347	−365/−417	−455/−507	−560/−612	−690/−742
280	315						−89/−121	−78/−130	−161/−193	−150/−202	−231/−263	−220/−272	−330/−382	−405/−457	−505/−557	−630/−682	−770/−822

续表

公称尺寸/mm		N			P		R		S		T		U	V	X	Y	Z
大于	至	6	7	8	6	7	6	7	6	7	6	7	7	7	7	7	7
315	355						-97	-87	-179	-169	-257	-247	-369	-454	-569	-709	-879
		-26	-16	-5	-51	-41	-133	-144	-215	-226	-293	-304	-426	-511	-626	-766	-936
355	400	-62	-73	-94	-87	-98	-103	-93	-197	-187	-283	-273	-414	-509	-639	-799	-979
							-139	-150	-233	-244	-319	-330	-471	-566	-696	-856	-1 036
400	450						-113	-103	-219	-209	-317	-307	-467	-572	-717	-897	-1 077
		-27	-17	-6	-55	-45	-153	-166	-259	-272	-357	-370	-530	-635	-780	-960	-1 140
450	500	-67	-80	-103	-95	-108	-119	-109	-239	-229	-347	-337	-517	-637	-797	-977	-1 227
							-159	-172	-279	-292	-387	-400	-580	-700	-860	-1 040	-1 290

附表 21　轴的极限偏差（一） （单位：μm）

公称尺寸/mm		a	b	c		d				e		f				g	
大于	至	11	11	12	10	7	8	9	10	7	8	5	6	7	8	5	6
—	3	-270	-140	-140	-60	-20	-20	-20	-20	-14	-14	-6	-6	-6	-6	-2	-2
		-330	-200	-240	-100	-30	-34	-45	-60	-24	-28	-10	-12	-16	-20	-6	-8
3	6	-270	-140	-140	-70	-30	-30	-30	-30	-20	-20	-10	-10	-10	-10	-4	-4
		-345	-215	-260	-118	-42	-48	-60	-78	-32	-38	-15	-18	-22	-28	-9	-12
6	10	-280	-150	-150	-80	-40	-40	-40	-40	-25	-25	-13	-13	-13	-13	-5	-5
		-370	-240	-300	-138	-55	-62	-76	-98	-40	-47	-19	-22	-28	-35	-11	-14
10	14	-290	-150	-150	-95	-50	-50	-50	-50	-32	-32	-16	-16	-16	-16	-6	-6
14	18	-400	-260	-330	-165	-68	-77	-93	-120	-50	-59	-24	-27	-34	-43	-14	-17
18	24	-300	-160	-160	-110	-65	-65	-65	-65	-40	-40	-20	-20	-20	-20	-7	-7
24	30	-430	-290	-370	-194	-86	-98	-117	-149	-61	-73	-29	-33	-41	-53	-16	-20
30	40	-310	-170	-170	-120												
		-470	-330	-420	-220	-80	-80	-80	-80	-50	-50	-25	-25	-25	-25	-9	-9
40	50	-320	-180	-180	-130	-105	-119	-142	-180	-75	-89	-36	-41	-50	-64	-20	-25
		-480	-340	-430	-230												

续表

公称尺寸/mm		a	b		c	d				e		f				g	
大于	至	11	11	12	10	7	8	9	10	7	8	5	6	7	8	5	6
50	65	−340 −530	−190 −380	−190 −490	−140 −260	−100 −130	−100 −146	−100 −174	−100 −220	−60 −90	−60 −106	−30 −43	−30 −49	−30 −60	−30 −76	−10 −23	−10 −29
65	80	−360 −550	−200 −390	−200 −500	−150 −270												
80	100	−380 −600	−220 −440	−220 −570	−170 −310	−120 −155	−120 −174	−120 −207	−120 −260	−72 −107	−72 −126	−36 −51	−36 −58	−36 −71	−36 −90	−12 −27	−12 −34
100	120	−410 −630	−240 −460	−240 −590	−180 −320												
120	140	−460 −710	−260 −510	−260 −660	−200 −360	−145 −185	−145 −208	−145 −245	−145 −305	−85 −125	−85 −148	−43 −61	−43 −68	−43 −83	−43 −106	−14 −32	−14 −39
140	160	−520 −770	−280 −530	−280 −680	−210 −370												
160	180	−580 −830	−310 −560	−310 −710	−230 −390												
180	200	−660 −950	−340 −630	−340 −800	−240 −425	−170 −216	−170 −242	−170 −285	−170 −355	−100 −146	−100 −172	−50 −70	−50 −79	−50 −96	−50 −122	−15 −35	−15 −44
200	225	−740 −1 030	−380 −670	−380 −840	−260 −445												
225	250	−820 −1 110	−420 −710	−420 −880	−280 −465												
250	280	−920 −1 240	−480 −800	−480 −1 000	−300 −510	−190 −242	−190 −271	−190 −320	−190 −400	−110 −162	−110 −191	−56 −79	−56 −88	−56 −108	−56 −137	−17 −40	−17 −49
280	315	−1 050 −1 370	−540 −860	−540 −1 060	−330 −540												
315	355	−1 200 −1 560	−600 −960	−600 −1 170	−360 −590	−210 −267	−210 −299	−210 −350	−210 −440	−125 −182	−125 −214	−62 −87	−62 −98	−62 −119	−62 −151	−18 −43	−18 −54
355	400	−1 350 −1 710	−680 −1 040	−680 −1 250	−400 −630												

续表

公称尺寸/mm 大于	至	a 11	b 11	c 12	c 10	d 7	d 8	d 9	d 10	e 7	e 8	f 5	f 6	f 7	f 8	g 5	g 6
400	450	-1 500 / -1 900	-760 / -1 160	-760 / -1 390	-440 / -690	-230 / -293	-230 / -327	-230 / -385	-230 / -480	-135 / -198	-135 / -232	-68 / -95	-68 / -108	-68 / -131	-68 / -165	-20 / -47	-20 / -60
450	500	-1 650 / -2 050	-840 / -1 240	-840 / -1 470	-480 / -730												

附表22　轴的极限偏差（二）　　　　　　　　（单位：μm）

公称尺寸/mm 大于	至	h 5	h 6	h 7	h 8	h 9	h 10	h 11	js 5	js 6	js 7	k 5	k 6	k 7	m 5	m 6	m 7
—	3	0 / -4	0 / -6	0 / -10	0 / -14	0 / -25	0 / -40	0 / -60	±2	±3	±5	+4 / 0	+6 / 0	+10 / 0	+6 / +2	+8 / +2	+12 / +2
3	6	0 / -5	0 / -8	0 / -12	0 / -18	0 / -30	0 / -48	0 / -75	±2.5	±4	±6	+6 / +1	+9 / +1	+13 / +1	+9 / +4	+12 / +4	+16 / +4
6	10	0 / -6	0 / -9	0 / -15	0 / -22	0 / -36	0 / -58	0 / -90	±3	±4.5	±7	+7 / +1	+10 / +1	+16 / +1	+12 / +6	+15 / +6	+21 / +6
10	14	0	0	0	0	0	0	0	±4	±5.5	±9	+9	+12	+19	+15	+18	+25
14	18	-8	-11	-18	-27	-43	-70	-110				+1	+1	+1	+7	+7	+7
18	24	0	0	0	0	0	0	0	±4.5	±6.5	±10	+11	+15	+23	+17	+21	+29
24	30	-9	-13	-21	-33	-52	-84	-130				+2	+2	+2	+8	+8	+8
30	40	0	0	0	0	0	0	0	±5.5	±8	±12	+13	+18	+27	+20	+25	+34
40	50	-11	-16	-25	-39	-62	-100	-160				+2	+2	+2	+9	+9	+9
50	65	0	0	0	0	0	0	0	±6.5	±9.5	±15	+15	+21	+32	+24	+30	+41
65	80	-13	-19	-30	-46	-74	-120	-190				+2	+2	+2	+11	+11	+11
80	100	0	0	0	0	0	0	0	±7.5	±11	±17	+18	+25	+38	+28	+35	+48
100	120	-15	-22	-35	-54	-87	-140	-220				+3	+3	+3	+13	+13	+13
120	140	0	0	0	0	0	0	0	±9	±12.5	±20	+21	+28	+43	+33	+40	+55
140	160	-18	-25	-40	-63	-100	-160	-250				+3	+3	+3	+15	+15	+15
160	180																

续表

公称尺寸/mm		h							js			k			m		
大于	至	5	6	7	8	9	10	11	5	6	7	5	6	7	5	6	7
180	200	0 −20	0 −29	0 −46	0 −72	0 −115	0 −185	0 −290	±10	±14.5	±23	+24 +4	+33 +4	+50 +4	+37 +17	+46 +17	+63 +17
200	225																
225	250																
250	280	0 −23	0 −32	0 −52	0 −81	0 −130	0 −210	0 −320	±11.5	±16	±26	+27 +4	+36 +4	+56 +4	+43 +20	+52 +20	+72 +20
280	315																
315	355	0 −25	0 −36	0 −57	0 −89	0 −140	0 −230	0 −360	±12.5	±18	±28	+29 +4	+40 +4	+61 +4	+46 +21	+57 +21	+78 +21
355	400																
400	450	0 −27	0 −40	0 −63	0 −97	0 −155	0 −250	0 −400	±13.5	±20	±31	+32 +5	+45 +5	+68 +5	+50 +23	+63 +23	+86 +23
450	500																

附表 23　轴的极限偏差（三）　　　　　　（单位：μm）

公称尺寸/mm		n			p		r		s		t		u	v	x	y	z
大于	至	5	6	7	5	6	5	6	5	6	5	6	6	6	6	6	6
—	3	+8 +4	+10 +4	+14 +4	+10 +6	+12 +6	+14 +10	+16 +10	+18 +14	+20 +14	—	—	+24 +18	—	+26 +20	—	+32 +26
3	6	+13 +8	+16 +8	+20 +8	+17 +12	+20 +12	+20 +15	+23 +15	+24 +19	+27 +19	—	—	+31 +23	—	+36 +28	—	+43 +35
6	10	+16 +10	+19 +10	+25 +10	+21 +15	+24 +15	+25 +19	+28 +19	+29 +23	+32 +23	—	—	+37 +28	—	+43 +34	—	+51 +42
10	14	+20 +12	+23 +12	+30 +12	+26 +18	+29 +18	+31 +23	+34 +23	+36 +28	+39 +28	—	—	+44 +33	—	+51 +40	—	+61 +50
14	18													+50 +39	+56 +45	—	+71 +60
18	24	+24 +15	+28 +15	+36 +15	+31 +22	+35 +22	+37 +28	+41 +28	+44 +35	+48 +35	—	—	+54 +41	+60 +47	+67 +54	+76 +63	+86 +73
24	30										+50 +41	+54 +41	+61 +48	+68 +55	+77 +64	+88 +75	+101 +88

续表

公称尺寸/mm		n			p		r		s		t		u	v	x	y	z
大于	至	5	6	7	5	6	5	6	5	6	5	6	6	6	6	6	6
30	40	+28	+33	+42	+37	+42	+45	+50	+54	+59	+59 +48	+64 +48	+76 +60	+84 +68	+96 +80	+110 +94	+128 +112
40	50	+17	+17	+17	+26	+26	+34	+34	+43	+43	+65 +54	+70 +54	+86 +70	+97 +81	+113 +97	+130 +114	+152 +136
50	65	+33	+39	+50	+45	+51	+54 +41	+60 +41	+66 +53	+72 +53	+79 +66	+85 +66	+106 +87	+121 +102	+141 +122	+163 +144	+191 +172
65	80	+20	+20	+20	+32	+32	+56 +43	+62 +43	+72 +59	+78 +59	+88 +75	+94 +75	+121 +102	+139 +120	+165 +146	+193 +174	+229 +210
80	100	+38	+45	+58	+52	+59	+66 +51	+73 +51	+86 +71	+93 +71	+106 +91	+113 +91	+146 +124	+168 +146	+200 +178	+236 +214	+280 +258
100	120	+23	+23	+23	+37	+37	+69 +54	+76 +54	+94 +79	+101 +79	+119 +104	+126 +104	+166 +144	+194 +172	+232 +210	+276 +254	+332 +310
120	140						+81 +63	+88 +63	+110 +92	+117 +92	+140 +122	+147 +122	+195 +170	+227 +202	+273 +248	+325 +300	+390 +365
140	160	+45 +27	+52 +27	+67 +27	+61 +43	+68 +43	+83 +65	+90 +65	+118 +100	+125 +100	+152 +134	+159 +134	+215 +190	+253 +228	+305 +280	+365 +340	+440 +415
160	180						+86 +68	+93 +68	+126 +108	+133 +108	+164 +146	+171 +146	+235 +210	+277 +252	+335 +310	+405 +380	+490 +465
180	200						+97 +77	+106 +77	+142 +122	+151 +122	+186 +166	+195 +166	+265 +236	+313 +284	+379 +350	+454 +425	+549 +520
200	225	+51 +31	+60 +31	+77 +31	+70 +50	+79 +50	+100 +80	+109 +80	+150 +130	+159 +130	+200 +180	+209 +180	+287 +258	+339 +310	+414 +385	+499 +470	+604 +575
225	250						+104 +84	+113 +84	+160 +140	+169 +140	+216 +196	+225 +196	+313 +284	+369 +340	+454 +425	+549 +520	+669 +640
250	280	+57 +34	+66 +34	+86 +34	+79 +56	+88 +56	+117 +94	+126 +94	+181 +158	+190 +158	+241 +218	+250 +218	+347 +315	+417 +385	+507 +475	+612 +580	+742 +710
280	315						+121 +98	+130 +98	+193 +170	+202 +170	+263 +240	+272 +240	+382 +350	+457 +425	+557 +525	+682 +650	+822 +790

续表

公称尺寸/mm		n			p		r		s		t		u	v	x	y	z
大于	至	5	6	7	5	6	5	6	5	6	5	6	6	6	6	6	6
315	355						+133 +108	+144 +108	+215 +190	+226 +190	+293 +268	+304 +268	+426 +390	+511 +475	+626 +590	+766 +730	+936 +900
		+62 +37	+73 +37	+94 +37	+87 +62	+98 +62											
355	400						+139 +114	+150 +114	+233 +208	+244 +208	+319 +294	+330 +294	+471 +435	+566 +530	+696 +660	+856 +820	+1 036 +1 000
400	450						+153 +126	+166 +126	+259 +232	+272 +232	+357 +330	+370 +330	+530 +490	+635 +595	+780 +740	+960 +920	+1 140 +1 100
		+67 +40	+80 +40	+103 +40	+95 +68	+108 +68											
450	500						+159 +132	+172 +132	+279 +252	+292 +252	+387 +360	+400 +360	+580 +540	+700 +660	+860 +820	+1 040 +1 000	+1 290 +1 250

参考文献

[1]大连理工大学工程图学教研室. 机械制图.7 版.北京:高等教育出版社,2013.

[2]邹玉堂,路慧彪,王淑英. 机械工程图学. 北京:机械工业出版社,2013.

[3]邹玉堂,路慧彪,王淑英. 现代工程制图及计算机辅助绘图.3 版.北京:机械工业出版社,2015.

[4]全国技术产品文件标准化技术委员会. 技术产品文件标准汇编:技术制图卷. 3 版. 北京:中国标准出版社,2012.

[5]全国技术产品文件标准化技术委员会. 技术产品文件标准汇编:技术制图卷. 2 版. 北京:中国标准出版社,2009.